야생동물 명탐정

똥싼동물을 찾아라

한국과 일본에 사는 포유동물들

너구리

여우

멧토끼

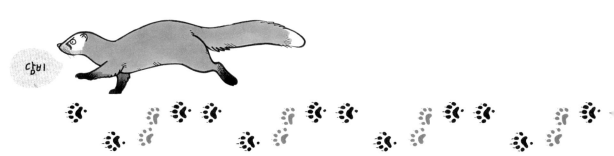

담비

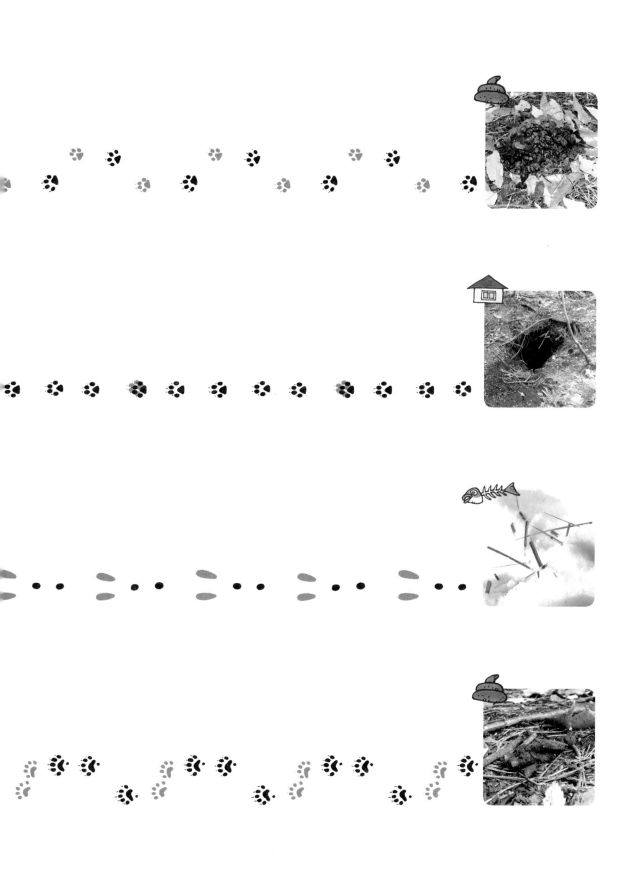

HONYURUI NO FIELD SIGN KANSATSU GUIDE by Satoshi
Copyright ⓒ 2011 by Satoshi Kumagai
Photograph ⓒ 2011 by Mamoru Yasuda
All rights reserved.
Original Japanese edition published in 2011 by Bun-ichi Sogo Shuppan
Korean translation rights arranged with Bun-ichi Sogo Shuppan, Tokyo
through Eric Yang Agency Co., Seoul.

Korean translation rights ⓒ 2011 by HANEON COMMUNITY CO.

야생동물 명탐정
똥싼동물을 찾아라

찾아봐

한국과 일본에 사는 포유동물들

구마가이 **사토시** 지음 | 야스다 **마모루** 사진
한상훈 감수 | **박인용** 옮김 | **이윤수** 한국 사진 제공

야생 동물의 목소리에
귀를 기울여 보자!

야생 동물을 관찰하러 산으로 들어가 봐도, 동물들은 좀처럼 모습을 보여 주지 않습니다. 사람과의 접촉을 피하려는 본능이 있기 때문이죠. 하지만 야생 동물들이 남긴 발자국이나 똥, 보금자리 흔적은 눈을 크게 뜨고 찾아보면 발견할 수 있습니다. 그것이 바로 이 책에서 소개하는 '필드 사인'입니다. 필드 사인을 탐색하며 동물들의 발자취를 쫓아가는 '필드 워크'는 야생 동물들의 생활을 엿볼 수 있게 해 준답니다. 뿐만 아니라 무분별한 개발로 인해 삶의 터전을 잃고 힘겨워하는 야생 동물들의 목소리도 들을 수 있게 해 주죠. 필드 사인을 쫓아 추리해 나가는 과정을 통해, 여러분은 '야생 동물 명탐정'으로 거듭날 수 있을 것입니다.

• 차례 •

01 필드 사인의 세계로 들어가 보자!

02 일본에는 어떤 포유동물들이 살고 있을까?

03 우리나라와 일본에 사는 포유동물들

04 우리나라에는 어떤 포유동물들이 살고 있을까?

Animal Load

동물의 크기 재는 방법과 명칭

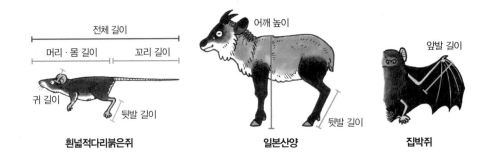

전체 길이
머리·몸 길이   꼬리 길이
귀 길이
뒷발 길이
흰넓적다리붉은쥐

어깨 높이
뒷발 길이
일본산양

앞발 길이
집박쥐

- 머리·몸 길이   코끝부터 항문까지의 길이를 말해요.
- 꼬리 길이   항문부터 끝 부분(털은 포함하지 않아요)까지의 길이입니다.
- **전체 길이**   코끝에서 꼬리 끝까지의 길이입니다.
- 귀   길이   귀의 맨 밑부터 귀 끝까지의 길이를 말해요.
- 뒷발 길이   발톱을 제외하고 발가락 끝부터 발뒤꿈치까지를 잰 것입니다.
- 어깨 높이   땅에서부터 어깨까지의 높이를 측정한 것이에요.
- 앞발 길이   앞발 가운뎃발가락 끝에서 손목 관절까지의 길이입니다.

야생 동물을 관찰해봐요!

이 책은 야생 포유동물 가운데 가까운 산이나 들에서 관찰할 수 있는 동물들을 골라, 그들의 필드 사인(발자국,
똥, 먹이 찌꺼기 등)을 소개한 관찰 가이드입니다.
1장에서 관찰을 나가기 전 주의해야 할 사항을 숙지하고, 동물들의 발자국 분류(pp. 26~31)를 먼저 봐 두면 도움
이 될 거예요. 2장부터 4장까지는 우리나라와 일본에 사는 야생 포유동물을 발자국 유형으로 나누어 소개하고
있습니다. 동물의 이름으로 필드 사인을 조사하고자 할 때에는 책 끝에 실린 색인(p. 246)을 이용하세요.
자, 이제 밖으로 나갈 준비가 되었나요? 이 책을 읽고 만반의 준비를 하면, 잘 보이지 않던 동물들의 흔적이
눈에 확 들어올 것입니다.

Let's go

필드사인의
세계로 들어가 보자!

필드 사인이란 무엇일까?

필드 사인이란 야생 동물이 남긴 발자국이나 똥, 먹이 찌꺼기, 보금자리 흔적 등을 말합니다. 한마디로 '야생 동물의 생활 흔적'이라고 할 수 있죠.

필드 사인을 살펴보면 그곳에서 어떤 야생 동물이 무엇을 했는지 알 수 있습니다. 몇 가지 단서를 통해 눈앞에 없는 야생 동물을 추리해 볼 수 있는 것이죠. 하지만 서로 다른 동물이 아주 비슷한 필드 사인을 남기는 일도 있기 때문에, 발자국이나 똥 하나만 보고 '이 똥을 싼 범인은 ○○○이다!' 하고 판단해서는 안 된답니다.

만약 발자국 하나를 발견했다면 그 주변을 더 둘러보며 먹이 찌꺼기나 보금자리 같은 다른 필드 사인이 있는지 찾아봐야 하죠. 또한 주변 환경과 지난 며칠 동안의 날씨도 생각해야 하고요.

▲ 일본큰날다람쥐가
뜯어 먹은 이파리

▲ 흰넓적다리붉은쥐의 먹이 찌꺼기

▲ 멧밭쥐의 둥지

▲ 산양의 똥

▲ 여우의 발자국

▲ 오소리가 살던 굴

▲ 너구리가 논에 남긴 발자국

이렇게 필드 사인을 보며 '이 발자국의 주인은 누구일까?', '이 땅굴은 어떤 동물의 보금자리였을까?' 하고 추리하다 보면, 아마 세계 최고의 야생 동물 명탐정이 된 기분이 들 거예요.

또 관찰을 통해 자료와 지식이 쌓이면, 눈길 위에 난 발자국만 보고도 동물의 모습이 머릿속에 저절로 그려지게 됩니다. 어쩌면 야생 동물의 숨소리나 울음소리까지 귓가에 들리는 듯한 경험을 할지도 몰라요.

자, 이제 이 책을 손에 들고 밖으로 나가 봅시다! 필드 사인을 따라갈수록 점점 야생 동물과 가까워지는 놀라운 경험이 여러분을 기다리고 있으니까요.

▲ 다람쥐의 먹이 흔적

필드 워크를 떠나기 전, 이건 꼭 알아 두자!

산이나 들, 강가에서 야생 동물의 필드 사인을 조사하고 연구하는 것을 '필드 워크'라고 합니다. 필드 워크를 시작하기 전에 반드시 알아 둘 것이 있습니다. 야생 동물이 살고 있는 논과 밭, 뒤뜰, 뒷산 등은 대개 주인이 있기 때문에 함부로 들어가거나 돌아다니면 안 된다는 것이죠. 필드 사인을 관찰하기 전에는 반드시 그곳의 주인에게 허락을 받아야 합니다.

관찰을 나가면 그 지역에 살고 있는 많은 사람들을 만나게 됩니다. 그분들에게 먼저 다가가 인사하고 친절하게 대하면 귀중한 정보*를 얻을 수 있습니다. "저 뒷산에서 너구리 우는 소리가 들리더라고요"와 같은 힌트 말이죠. 또한 만에 하나 안전사고가 났을 경우에 도움을 얻을 수도 있죠.

이처럼 관찰을 나갔을 때는 그 지역에 살고 있는 사람들과 친분을 쌓아 두는 것이 좋습니다. 성공적인 필드 워크를 위한 첫걸음인 셈이죠. 만약 지역 주민들에게 미움을 받게 된다면, 그곳에 사는 야생 동물들에게서도 미움을 받는 것과 마찬가지라는 사실! 절대 잊지 마세요.

▲ 지역 주민과 친해져 보세요.

필드 사인에 필요한 도구와 알맞은 옷차림

모자

챙이 넓은 모자가 좋습니다. 땀이 많이 날 때는 큰 수건을 머리에 먼저 두르고 그 위에 모자를 쓰세요. 땀이 흘러내리는 것을 막을 수 있습니다.

배낭

집 근처에 있는 낮은 산으로 나간다면, 20L 부피의 배낭이면 충분합니다. 크기로 보자면 가로 약 25cm, 세로 약 38cm, 폭 약 13cm 정도로 가벼운 등산용 배낭입니다.

장갑

맨손보다야 목장갑이 낫겠지만 그래도 이왕이면 손바닥 부분이 가죽으로 된 장갑이 더 좋습니다.

신발

장화가 가장 좋지만, 물이 스며들지 않도록 방수 처리가 된 등산화도 좋습니다.

허리 가방

양끝에 버클이 달려 있어 허리에 두를 수 있는 작은 가방을 말해요. 필기도구나 돋보기 등 자주 꺼내 쓰는 소품을 넣고 다니면 편리해요.

더 알아봐요

군복을 본 적이 있나요? 적들을 피해 풀숲에 숨었을 때 들키지 않도록 나뭇잎, 흙, 바위와 비슷한 색이 가득하죠. 이를 '위장색'이라고 합니다. 등산 도구나 관찰 도구 중에도 이 위장색이 입혀진 것들이 있습니다. 아마 사고 싶다는 생각이 들 테지만, 웬만하면 참아 주세요. 도색이 된 도구는 떨어뜨렸을 때 한 번에 발견하기 힘들거든요. 손전등이나 주머니칼, 펜, 자 등 떨어뜨리기 쉬운 물건에는 형광 테이프를 붙이거나 끈을 매달아 목에 걸고 다니도록 하세요.

필드 사인을 찾는 데 열중하다 보면 나뭇가지에 긁히거나 해충에 물릴 수가 있습니다. 따라서 필드 워크를 나갈 때에는 한여름이라도 긴 소매, 긴 바지를 입어야 합니다. 그리고 머리를 보호하기 위해 모자를 꼭 쓰고 다니세요. 온도와 습도가 높은 날, 머리로 많은 열을 받으면 열사병에 걸리기 쉽거든요. 신발은 진흙탕이나 물이 있는 곳을 걸을 때 편한 장화가 좋습니다.

처음부터 욕심을 부려 비싼 도구나 옷을 살 필요는 없습니다. 도구는 필요하다고 생각될 때마다 마련하는 것이 좋고, 비싼 것이 아니어도 필드 사인을 관찰하는 데 아무런 문제가 되지 않으니까요.

우선은 구급약, 디지털 카메라, 쌍안경, 장갑, 필기도구, 노트, 자, 간단한 먹을거리(초콜릿이나 견과류 같은 것), 물통 등 기본 장비부터 갖추고 현장으로 나가 봅시다!

필드 워크 나가기 좋은 시기

봄이 되면 겨우내 움츠려 있던 동물들이 활기를 띠기 시작합니다. 당연히 관찰을 나가는 것도 더 즐거워지죠. 그러나 날이 따뜻해지면서 무성해진 풀과 나뭇잎들이 필드 사인을 발견하는 데 방해를 하기도 합니다. 게다가 사람들도 산이나 들로 나들이를 나오기 때문에 관찰이 더욱 어려워지죠. 야생 동물은 사람을 경계하는 본능이 있어서, 사람을 보면 더 깊은 산으로 도망가 버리기 일쑤입니다.

무엇보다도, 봄부터 여름까지는 많은 야생 동물이 출산을 하고 새끼를 기르는 시기랍니다. 야생 동물이 사는 곳에 함부로 들어가서 임신한 엄마 동물이나 연약한 새끼들에게 스트레스를 주는 것은 예의가 아니겠죠!

이런 점에서 볼 때, 나무가 시들고 등산객이 줄어드는 가을~겨울철이 필드 사인을 하기에 안성맞춤인 시기라고 할 수 있습니다. 특히 눈이 쌓인 날은 초보자도 동물들의 발자국을 발견하기 쉽죠.

눈이 쌓인 날이나 비를 머금어 땅이 무른 날 등 필드 사인을 발견하기 좋은 때를 골라서 관찰을 나가 보세요. 물론 처음에는 경험이 많은 사람과 함께하며 필드 사인을 분석하는 방법, 야생 동물이 나타나는 시간 맞추는 방법부터 배워야겠죠?

▲ 논에 남은 너구리의 발자국이에요.

어디로 가야 할까?

이 책에서는 비교적 관찰을 나가기 쉬운 '낮은 산'을 중심으로 필드 사인이 발견되는 장소를 소개할 거예요. 아래에서 설명하는 장소들이 몰려 있을수록 그곳에 야생 동물이 살고 있을 가능성이 높다고 할 수 있죠. 그러나 지역에 따라 조건은 달라질 수 있습니다. 되도록 여러 곳을 다니면서 야생 동물이 있을 만한 환경을 스스로 터득해 가는 것이 좋습니다. 우선은 정기적으로 갈 수 있는 '나만의 필드 워크 현장'부터 찾아보세요.

논과 밭

▲ 수확을 앞둔 밭에는 너구리, 멧돼지 등이 찾아옵니다.

고구마 밭이나 옥수수 밭, 비닐하우스 등에 야생 동물들이 습격해 오는 경우가 종종 있습니다. 물론 농부들에게는 그다지 반가운 손님은 아니겠죠?

잡목림(雜木林)

다른 나무와 함께 섞여서 자라는 여러 가지 나무를 '잡목'이라고 해요. 이 잡목들로 이루어진 숲이 잡목림입니다.

열매가 열린 나무

야생 동물의 먹이 흔적이나 똥을 발견할 수 있는 장소입니다. 열매를 먹기 위해 나무를 오르면서 나무껍질에 남긴 발톱 흔적도 볼 수 있죠.

▲ 초가을부터 겨울까지 많은 야생 동물이 찾아드는 감나무예요.

잡목림*과 퇴비장

잡목림에는 많은 야생 동물이 살고 있고요. 낙엽을 모아 놓은 퇴비장에는 곤충류와 지렁이류 등을 먹으려고 야생 동물들이 찾아옵니다. 따라서 똥이나 흙을 찬 흔적을 발견할 수 있죠.

▲ 이곳이 퇴비장이에요.

숲길이나 산책로

사람뿐 아니라 야생 동물도 숲길과 산책로를 이용합니다. 그래서 똥이나 먹이 찌꺼기, 지나다닌 흔적을 발견할 수 있습니다.

▲ 늦은 밤, 남몰래 산책을 즐기는 너구리가 보이죠?

▲ 숲길에 있는 담비의 똥이에요.

물가

강 언저리를 돌아다니는 야생 동물들에게 강가의 숲은 제 집 마당과 같습니다. 그래서 다양한 종류의 발자국을 볼 수 있죠.

▲ 숲과 풀밭이 있는 하천의 중간 지역에는 많은 야생 동물이 찾아듭니다.

▲ 널따란 진흙땅이 있는 하천 하류예요. 발자국을 발견하기에 안성맞춤이랍니다.

▲ 하천 가장가리에 남은 족제비의 발자국이에요.

사당

일본에서는 2월 말날*이면 오곡의 신(いなりさん, 이나리상)에게 각종 곡식과 먹을거리를 올립니다. 이것을 노리고 배고픈 야생 동물들이 신을 모신 사당에 오죠.

▲ 낮은 산에 지어진 사당이에요. 이곳에 야생 동물들이 먹이를 찾으러 오지요.

🔍 **말날(午日, 오일)**

음력으로 날짜를 셀 때, 각 날마다 12지를 붙여요. 12지 알죠? 자축인묘진사오미신유술해(子丑寅卯辰巳午未申酉戌亥) 말이에요. 그래서 자일, 축일, 인일… 순서로 날짜를 셀 수 있어요. 오일은 이중 일곱 번째인 오(午) 자가 붙는 날로 이것을 우리말로는 '말날'이라고 한답니다.

🔍 **신사(神社)**
일본에서 왕실의 조상이나 신 또는 국가에 공로가 큰 사람을 신으로 모신 사당을 말해요.

민가와 창고

몇몇 야생 동물은 생각보다 우리 가까이에서 생활하고 있는 경우가 많습니다. 어쩌면 사향고양이가 다락방을, 너구리가 방바닥 밑을 보금자리로 사용하고 있을지도 모른답니다.

▲ 오래된 창고는 야생 동물들에게 훌륭한 보금자리입니다.

신사와 절

신사*에는 신이 머물러 계신다고 믿어지는 큰 나무가 있습니다. 그 나무의 밑동에서는 일본큰날다람쥐가 보금자리로 사용하는 굴을 발견할 수 있죠. 또한 절 역시 나무가 많은 산 중턱에 자리한 경우가 많기 때문에, 절로 들어가는 길목에서도 일본큰날다람쥐의 먹이 찌꺼기나 똥을 볼 수 있습니다.

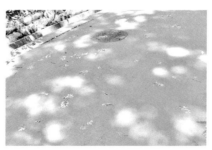

▲ 절로 들어가는 길목에 일본큰날다람쥐의 먹이 찌꺼기가 흩어져 있네요.

▲ 일본큰날다람쥐의 보금자리인 굴이 있는 느티나무예요.

16

눈이 쌓인 공원이나 주차장

이곳에서는 여우나 멧토끼 등 많은 야생 동물의 발자국과 오줌을 발견할 수 있습니다. 눈길 위에 남겨진 발자국을 한번 따라가 보세요.

▲ 눈 쌓인 주차장에 남은 멧토끼의 발자국이에요.

필드사인은 어떻게 나타날까?

눈으로 보지만 말고, 냄새도 맡아 보고 한번 만져도 보세요. 모든 감각을 이용해 필드 사인을 관찰해 봅시다! 작은 실마리들을 모으고 여러 가지 자료와 비교하면서 추리해 나가면, 필드 사인의 주인이 누구인지 맞힐 수 있을 거예요.

🐾 발자국

논두렁, 진흙, 부드러운 모래톱, 얕은 눈 위를 돌아다니다 보면 야생 동물의 발자국을 쉽게 찾을 수 있습니다. 단, 아주 깊은 진흙이나 눈이 많이 쌓인 곳은 발자국이 잘 남지 않고, 남았다고 하더라도 불규칙하게 찍혀 있어 특징을 파악하기 쉽지 않으니 피하는 것이 좋습니다.

▲ 발자국은 본을 떠서 도장을 찍듯이 인쇄한 것이기 때문에 실제의 발바닥과는 오른쪽과 왼쪽이 반대라는 점을 잊지 마세요.

이 책에서 소개하는 동물들의 '보행 패턴'은 진행 방향이 책의 위쪽을 향하고 있으니 이 점을 염두에 두고 보도록 하세요.

프린트와 보행 패턴

발자국을 부르는 방법은 2가지입니다. 앞뒤, 오른쪽 왼쪽 구분 없이 그냥 발자국 모양 하나만을 말할 때는 '프린트'라 부르고, 야생 동물의 걸음걸이 흔적을 가리키는 경우에는 '보행 패턴'이라 부릅니다.

프린트만 보고서는 어떤 동물인지 정확히 추측하기 어렵지만, 보행 패턴을 참고하면 알아맞힐 수 있습니다. 보행 패턴은 다른 말로 '보행 흔적'이라고도 부릅니다.

▲ 프린트(발자국)　　　　　▲ 보행 패턴

내가 걸어간 흔적이 바로 보행 패턴이에요.

발자국 유형

동물의 발자국은 크게 3가지로 나눌 수 있습니다. 네 발가락 자국, 다섯 발가락 자국, 발굽 자국이지요.

자, 그럼 하나씩 살펴볼까요?

🐾 네 발가락 자국

고양이나 개의 발바닥을 본 적이 있나요? 보면 발바닥에 볼록하게 나온 부분이 있을 거예요. 만졌을 때 폭신폭신하고 부드럽죠. 이것을 '못'이라고 합니다. 네 발가락 자국 동물들은 이 도톰한 못 때문에 앞

▲ 손끝에 물감을 찍어서 그림처럼 종이에 찍으면 네 발가락 자국이 나오겠죠?

발에 5개의 발가락 있지만, 발자국에는 4개만 찍히게 됩니다. 앞발의 첫째 발가락이 며느리 발톱*으로 다른 발가락보다 다소 높은 위치에 있어 땅에 찍히지 않기 때문이죠.

너구리나 여우 같은 갯과 동물과 고양잇과 동물들의 발자국이 이 유형입니다.

👣 다섯 발가락 자국

다섯 발가락 자국은 발뒤꿈치부터 바닥에 붙이고 걸으면 나타나는 발자국입니다. 우리 사람도 이렇게 걷지요. 반달가슴곰, 족제비, 사향고양이 등 많은 동물이 여기에 속합니다.

🔍 **며느리 발톱**
앞발에 덧달린 발톱입니다. 주로 발의 위쪽에 나 있어서 땅에 닿지 않아, 대부분 발자국으로 남지 않습니다.

어떤 연구에서는 걸을 때는 뒤꿈치까지, 달릴 때에는 발가락 끝만을 땅에 붙이는 것을 반척행성(半蹠行性, 발바닥을 땅에 반만 붙이고 다니는 동물이라는 의미)으로 구분하기도 합니다. 하지만 이 책에서는 다루지 않았어요.

▲ 발뒤꿈치까지 땅에 붙여서 걷고 있네요.

🐾 **발굽 자국**

발굽은 동물의 발끝에 있는 크고 단단한 발톱을 말합니다. 이 발굽으로 걷는 동물들의 프린트를 통틀어 발굽 자국 유형이라고 하죠. 이 유형에는 멧돼지, 사슴, 산양이 속해 있습니다.

▲ 발굽 자국은 가운뎃손가락과 넷째 손가락으로 걷는 그림을 상상해보면 됩니다.

발굽의 앞부분은 2개나 4개로 갈라져 있어요. 그래서 자국 역시 앞부분이 2개나 4개로 갈라진 모양입니다(단, 말은 발굽에 갈라진 부분이 없습니다). 발굽 자국은 소와 양이 속해 있는 우제류*와 말 등의 기제류*에서 나타납니다.

⚠ 희미한 발자국

앞서 살펴본 '다섯 발가락 자국' 유
형의 하나이지만 그와는 조금 다른
특징이 있는 발자국입니다. 멧토끼
와 청설모처럼 뛰어다니는 동물들
이 남기는 발자국과 두더지, 일본
큰날다람쥐, 박쥐 같은 동물의 작

▲ 폴짝폴짝 뛰어다니는 동물들의 발자국
은 희미하답니다.

고 발견하기 어려운 발자국이 이 유형에 속합니다.

동물의 발가락과 '못' 보는 방법

야생 동물의 발자국을 보면, 발가락의 개수가 '2개, 4개, 5개'입니다.
각각의 발가락은 사람으로 치면 엄지손가락이 첫째 발가락이고 순서
대로 둘째~넷째 발가락, 새끼손가락을 다섯째 발가락이라고 합니다.

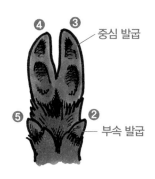

중심 발굽

부속 발굽

▲ 발굽 자국 동물의 오른쪽 앞발 그림이에요.
보다시피 첫째 발가락이 없습니다.

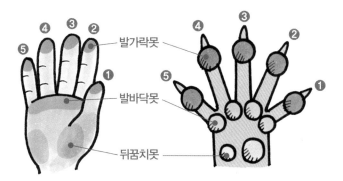

발가락못

발바닥못

뒤꿈치못

▲ 사람의 오른손과 다섯 발가락 자국 동물의 오른쪽 앞발
이에요. 비교해보면 위치와 명칭을 쉽게 알 수 있습니다.

동물에 따라서는 첫째 발가락이 없기도 해요. 사슴과 같은 발굽 자국 동물의 발자국에서 땅에 닿는 부분은 엄밀히 말하면 발가락이 아니라 발굽이거든요.

그리고 몇몇 동물에게는 앞서 말한 못이라 불리는 부드러운 부분이 있습니다. 못의 역할은 먹잇감을 사냥할 때 발소리가 나지 않게 하는 것이에요. 때론 뛰어다닐 때 푹신한 쿠션 역할도 하죠. 못은 동물마다 위치와 형태, 이용 방법이 제각각이랍니다.

발자국은 속임수!?

발자국을 보자마자 '어떤 동물이다' 하고 한 번에 알면 정말 좋겠죠? 하지만 그 발자국이 앞발인지 뒷발인지, 오른발인지 왼발인지 모르면 '발자국의 속임수'에 홀딱 넘어갈 수 있습니다. 옆 페이지에 있는 사진을 보세요. 과연 어떤 동물의 발자국일까요?

'음…… 발가락이 4개네. 네 발가락 자국 동물 중 하나겠군. 그렇다면 너구리?'

혹시 이렇게 생각했나요? 그러나 프린트의 앞뒤와 오른쪽 왼쪽을 구분할 줄 알면, 전혀 다른 결론을 낼 수 있습니다.

먼저 2번 발가락을 보세요. 발가락이 정중앙에 놓여 있지 않은 것이 느껴지나요? 거기다 1번 발가락과의 사이도 너무 넓습니다. 일반적인 너구리의 발자국과는 사뭇 다르죠.

자, 그럼 이제 비스듬하게 그려진 빨간색 화살표를 보세요. 그 화살표의 방향이 위쪽을 향하도록 책을 기울여 보세요. 그 상태로 자세히 관찰하면, 1번 발가락 밑에 움푹 파인 자국도 발가락 자국임을 알 수 있습니다(점선 동그라미 부분). 사실 이 발자국 사진의 주인공은 다섯 발가락 자국 동물인 '담비'였습니다. 이제는 확실히 5개의 발가락 자국이 보이죠?

이처럼 발자국들은 때로 속임수를 써서 추리를 방해할 수 있으니 반드시 주의 깊게 관찰하세요!

▲ 나는 누구일까요?

발자국을 올바르게 분석하려면

1. 앗, 발자국이 여러 개다!

한 동물이 여러 개의 발자국을 남겼다면, 그중에서도 가장 뚜렷하게 남은 발자국을 기준으로 삼으세요. 당연히 땅이 울퉁불퉁한 곳이 아닌 평평한 곳에 더욱 뚜렷한 발자국이 남겠죠?

2. 발자국의 진행 방향과 몸의 방향을 똑같이!

여러 개의 발자국 중에 기준이 되는 발자국을 골랐나요? 만약 기준으로 고른 발자국의 왼쪽에 또 다른 발자국이 있으면, 기준으로 고른 발자국이 오른발이 됩니다. 다음 페이지에 있는 그림처럼 '걸음 방향'과 여러 분의 몸을 방향을 똑같이 해 보세요. 그러면 왼발과 오른발을 정확하고 간단하게 구분할 수 있습니다.

3. 오른발, 왼발을 더 정확히 구분하기 위해서는!

야생 동물은 언제 천적으로부터 공격당할지 모르기 때문에 항상 긴장을 늦추지 않습니다. 그래서 늘 옆구리가 긴장된 상태인데요. 이것은 발자국이 찍힐 때 영향을 줍니다.

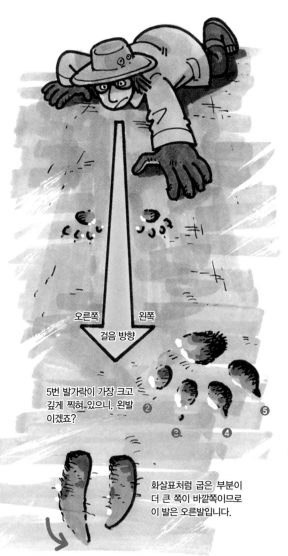

오른쪽   왼쪽
걸음 방향

5번 발가락이 가장 크고 깊게 찍혀 있으니, 왼발이겠죠?

화살표처럼 굽은 부분이 더 큰 쪽이 바깥쪽이므로 이 발은 오른발입니다.

옆구리가 긴장되면 손바닥은 자연스레 안쪽을 향합니다. 권투 선수가 얼굴 앞으로 두 손을 올리고 상대방을 지켜보는 장면을 떠올려 보세요. 이때 선수는 옆구리 부근을 강하게 긴장시키고 있는데, 이 때문에 손바닥이 자연스럽게 몸 안쪽을 향하게 되는 거예요. 야생 동물도 마찬가지랍니다.

이 상태로 땅에 발을 디디면, 바깥쪽 발가락이(그림에서 5번) 가장 깊게 파입니다. 반대로 안쪽 발가락(그림에서 2번)쪽은 얕게 파이죠. 다섯째 발가락이 어느 쪽인지를 알면, 그 발자국이 왼발인지 오른발인지 확인하는 데 중요한 실마리가 된답니다.

단, 동물에 따라서는 무조건 이 방법대로 발자국을 해석하면 안 되는 경우도 있으니 주의하세요.

발굽 자국 유형의 동물은 중심 발굽의 굽은 부분이 큰 쪽이 바깥 쪽이라고 생각하면 됩니다. 발굽 자국 그림에서 화살표로 표시된 것처럼이요.

4. 앞발, 뒷발을 구분하기 위해서는!

동물은 기본적으로 앞발을 축으로 하여 중심을 잡기 때문에 체중이 앞발에 실립니다. 그래서 앞발의 발자국이 깊죠. 발가락 사이도 넓게 찍힙니다. 앞발을 보좌하는 뒷발은 그에 비해 발자국이 얕게 찍히고 발가락 사이도 좁습니다.

대부분의 동물이 뒷발에 비해 앞발이 더 크고 발가락 사이 폭도 더 넓습니다. 여우나 너구리의 앞발 자국에 남은 발가락 수가 뒷발보다 많은 것도 역시 앞발이 중요하기 때문입니다.

물론 예외도 있습니다. 다람쥐나 쥐의 경우 앞발 발가락은 4개이고 뒷발 발가락은 5개입니다. 크기도 앞발이 더 작죠. 왜냐하면 뒷발로 오도카니 서거나 뒷발에 중심을 두고 생활하는 때가 많기 때문입니다.

▲ 너구리의 보행 패턴

▶ 너구리의 보행 패턴 중 일부분입니다. 발가락 사이가 넓은 발자국이 앞발(왼쪽 발자국)이고, 발가락 사이가 좁은 발자국이 뒷발(오른쪽 발자국)이랍니다.

발자국와 보행 패턴에 대해 알아보자!

네 발가락 자국 동물 (프린트 크기는 모두 실제의 0.5배)

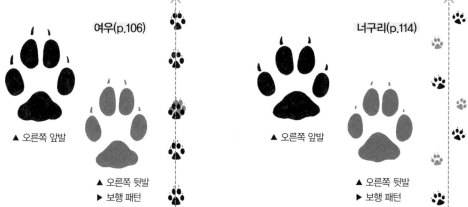

여우(p.106)
▲ 오른쪽 앞발
▲ 오른쪽 뒷발
▶ 보행 패턴

너구리(p.114)
▲ 오른쪽 앞발
▲ 오른쪽 뒷발
▶ 보행 패턴

개
◀ 오른쪽 앞발

집고양이
◀ 오른쪽 앞발

삵(p.120)
◀ 오른쪽 앞발

앞발은 발가락이 5개이고 뒷발의 발가락은 4개이지만, 앞발의 첫째 발가락인 며느리 발톱은 높이 있어 발자국으로 찍히지는 않습니다. 그래서 앞발과 뒷발 모두 4개의 발가락 자국이 남습니다. 발바닥못 부분이 갈라지지 않고 하나로 되어 있으며, 뒤꿈치못은 발을 디딜 때 땅과 닿지 않는 위치에 있습니다(발바닥못과 뒤꿈치못을 잘 모르겠다면, 앞 페이지의 '동물의 발가락과 못 보는 방법'을 참고하세요).

▶ 네 발가락 자국 동물인 너구리(왼쪽)와 다섯 발가락 자국 동물인 사향고양이(오른쪽)의 오른쪽 앞발입니다.

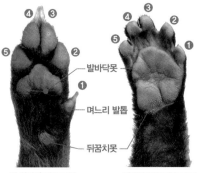

발바닥못
며느리 발톱
뒤꿈치못

네 발가락 자국 동물   다섯 발가락 자국 동물

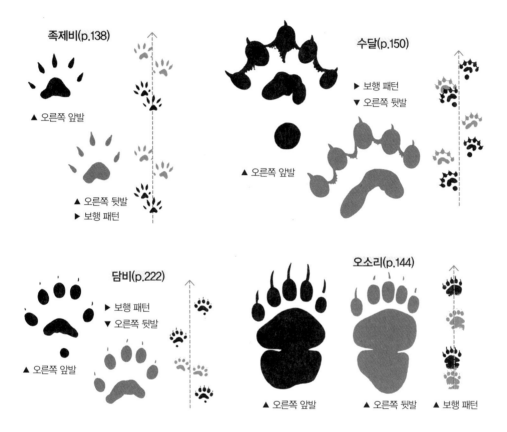

족제비(p.138)
▲ 오른쪽 앞발
▲ 오른쪽 뒷발
▶ 보행 패턴

수달(p.150)
▶ 보행 패턴
▼ 오른쪽 뒷발
▲ 오른쪽 앞발

담비(p.222)
▶ 보행 패턴
▼ 오른쪽 뒷발
▲ 오른쪽 앞발

오소리(p.144)
▲ 오른쪽 앞발
▲ 오른쪽 뒷발
▲ 보행 패턴

다섯 발가락 자국 동물은 사람처럼 발뒤꿈치(뒤꿈치뼈 부분)까지 땅에 대고 걷습니다. 그래서 앞발의 경우 첫째 발가락부터 뒤꿈치뼈까지 모두 발자국이 남죠. 하지만 멈춰 서거나 매우 느리게 걸을 때가 아니고서는, 뒷발 자국에 발뒤꿈치까지 찍히는 경우가 별로 없습니다. 따라서 다섯 발가락 자국을 발견했을 때, 뒤꿈치뼈 부분까지 남아 있는 발자국이 앞발이고, 발가락 끝이나 발바닥뼈 부분까지 겨우 남아 있는 발자국이 뒷발일 가능성이 높습니다. 이 점을 꼭 기억해 두세요.

▼ 그림에서 볼 수 있듯이, 땅에 대려고 의식하지 않는 한 발 뒤꿈치는 떠 있게 된답니다.

🐾 다섯 발가락 자국 동물

(프린트 크기는 모두 실제의 0.5배)

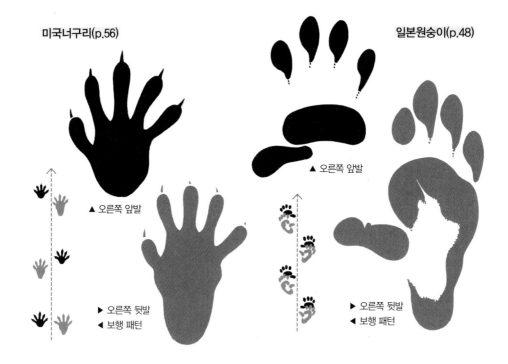

미국너구리(p.56)

일본원숭이(p.48)

▲ 오른쪽 앞발

▲ 오른쪽 앞발

▶ 오른쪽 뒷발
◀ 보행 패턴

▶ 오른쪽 뒷발
◀ 보행 패턴

대부분의 동물은 앞발과 뒷발의 형태가 달라서 발가락 수나, 오른발과 왼발을 쉽게 구분할 수 있습니다. 하지만 다음 상황에서는 헷갈릴 수 있으니 주의해야 해요.

– 다섯 발가락 자국 동물이 서둘러 걷다가 '첫째 발가락이 땅에 찍히지 않은 경우' 네 발가락 자국 동물로 착각할 수 있습니다.

– 네 발가락 자국 위에 눈 쌓인 나뭇가지가 드리워져 있다고 생각해 보세요. 만약 눈이 녹아 발자국 위로 떨어졌다면, 발가락 하나가 더 찍힌 것 같겠죠? 이렇게 주변 사물에 의해 발자국이 훼손될 수도 있답니다.

– 네 발자국 동물의 앞발과 뒷발이 완전히 겹쳐져 다섯 발가락 자국처럼 보일 수도 있습니다. 다음 사진을 보세요. 정말 헷갈리겠죠?

▲ 앞발과 뒷발이 겹쳐서 다섯 발가락 자국으로 보이지만, 사실은 네 발가락 자국 동물인 너구리의 발자국이랍니다.

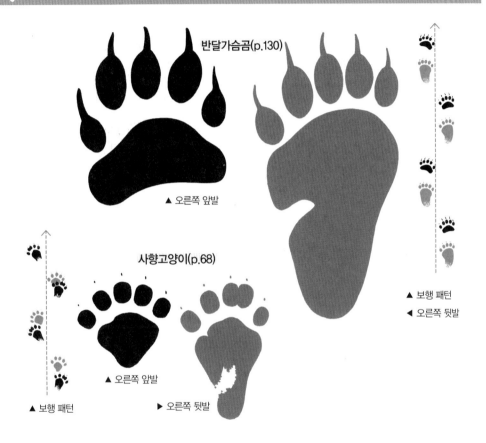

반달가슴곰(p.130)

▲ 오른쪽 앞발

▲ 보행 패턴

◀ 오른쪽 뒷발

사향고양이(p.68)

▲ 오른쪽 앞발

▶ 오른쪽 뒷발

▲ 보행 패턴

"난 발자국을 남기고 싶지 않아요!"

사실 질척질척한 진흙땅이나 눈길로 걸어가고 싶은 사람은 별로 없을 거예요. 바지도 걷어야 하고 발끝으로 조마조마하게 걸어가야 하니까요. 동물들도 마찬가지입니다. 발자국이 남는 깊은 진흙땅이나 눈 위, 부드러운 모래톱 등은 사실 걷기 불편한 장소랍니다. 거기다 언제 어디서 천적이 나타날지 모르는데 발자국을 남기고 다녔다가는 생명이 위태로워지겠죠?

이 책에서 진흙이나 눈 위에 남은 동물들의 발자국을 다루고 있다고 해서, 동물들이 그런 길로 자주 다니는 건 아니라는 사실을 명심하세요!

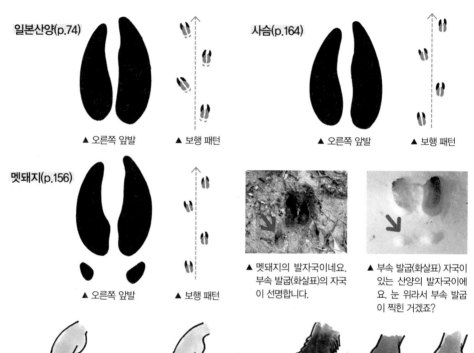

일본산양(p.74)

▲ 오른쪽 앞발　　▲ 보행 패턴

사슴(p.164)

▲ 오른쪽 앞발　　▲ 보행 패턴

멧돼지(p.156)

▲ 오른쪽 앞발　　▲ 보행 패턴

▲ 멧돼지의 발자국이네요. 부속 발굽(화살표)의 자국 이 선명합니다.

▲ 부속 발굽(화살표) 자국이 있는 산양의 발자국이에요. 눈 위라서 부속 발굽이 찍힌 거겠죠?

▲ 뒷걸음질 칠 때는 부속 발굽이 브레이크 역할을 해 준답니다.

▲ 앞으로 나아갈 때의 부속 발굽 위치는 이렇습니다.

▲ 왼쪽부터 멧돼지, 사슴, 산양의 부속 발굽 위치입니다.

발굽 자국 동물은 어떻게 발굽을 가지게 되었을까요? 원래는 발가락이 5개이던 동물이 더 빨리, 잘 달리도록 진화하면서 먼저 첫째 발가락이 퇴화하게 됩니다. 그래서 발가락의 수가 4개가 되었죠. 그 후 먼 거리를 이동 해도 발가락이 피로해지지 않도록 발톱들이 더 크고 단단한 '발굽'으로 변했습니다. 셋째 발톱과 넷째 발톱이 중심 발굽으로, 둘째 발톱과 다섯째 발톱이 부속 발굽으로 변하게 되었죠. 발굽이 있는 동물들은 보통 중심 발굽으로 중심을 잡고 걸으며, 이때 부속 발굽은 곁들여 걷는 보조 역할만 합니다. 그러나 뒷걸음질 칠 때나 울퉁불퉁한 바위를 걸을 때는 부속 발굽이 미끄러지지 않도록 지탱하는 아주 중요한 역할을 한답니다.

발굽 자국 동물들의 발자국은 대부분 부속 발굽까지 뚜렷하게 남는 경우가 거의 없습니다. 부속 발굽이 아래쪽에 달린 멧돼지만 부속 발굽 자국까지 뚜렷이 찍히죠. 물론 깊이 쌓인 눈이나 부드러운 진흙땅에서는 사슴이나 산양도 부속 발굽이 찍힐 수 있습니다.

희미한 발자국 동물

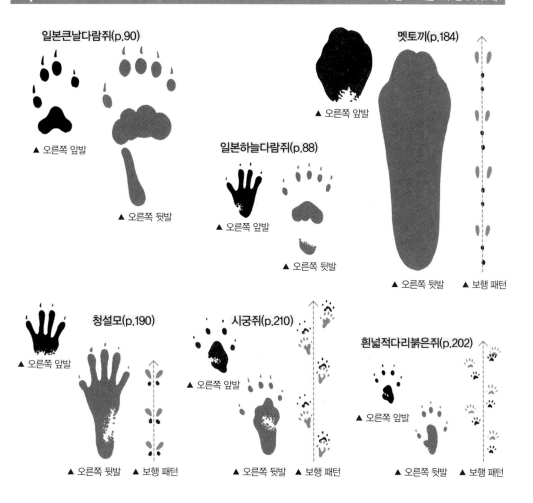

일본큰날다람쥐(p.90)

▲ 오른쪽 앞발

▲ 오른쪽 뒷발

멧토끼(p.184)

▲ 오른쪽 앞발

일본하늘다람쥐(p.88)

▲ 오른쪽 앞발

▲ 오른쪽 뒷발

▲ 오른쪽 뒷발　　▲ 보행 패턴

▲ 오른쪽 앞발

청설모(p.190)

▲ 오른쪽 뒷발　　▲ 보행 패턴

시궁쥐(p.210)

▲ 오른쪽 앞발

▲ 오른쪽 뒷발　　▲ 보행 패턴

흰넓적다리붉은쥐(p.202)

▲ 오른쪽 앞발

▲ 오른쪽 뒷발　　▲ 보행 패턴

날고 뛰면서 걸어 다니는 동물이나 발이 작은 동물들은 발자국이 잘 남지 않습니다. 그래서 발자국 하나만 있는 프린트보다는 보행 패턴으로 그 주인공을 추리해 보는 게 좋습니다. 쥐와 같은 작은 포유류들은 보행 패턴으로도 어떤 동물인지 모를 수도 있습니다. 이때는 다른 필드 사인이나 주변 환경 등을 살펴보고 다각도로 생각해 보세요.

💩 똥

동물들의 똥을 찾아보려면 어디로 가야 할까 고민되나요? 사실 똥을 발견할 수 있는 장소는 따로 없습니다. 숲길이나 동물이 다니는 길, 덤불, 먹이 터 등 다양한 곳을 돌아다니다 보면 발견할 수 있을 거예요.

야생 동물도 사람과 마찬가지로 계절과 먹이, 몸의 상태에 따라 다양한 형태와 색의 똥을 배설합니다. 특히 잡식성 동물의 똥에서는 특징을 찾기 어렵죠. 따라서 야생 동물의 똥을 발견했다면 먼저 크기와 색, 형태를 보고 그 똥의 주인공이 될 만한 후보들 고르세요. 그다음 똥 안에 들어 있는 것들과 냄새, 함께 발견되는 발자국 등 다른 필드 사인을 종합하여 추리하면 어떤 동물의 것인지 알 수 있습니다.

이 책에서는 대부분의 동물들에게서 볼 수 있는 일반적인 똥 외에 특이한 모양의 똥도 함께 소개하고 있습니다. 한번 참고해 보세요.

막대 모양의 똥

막대 모양 똥은 주로 육식과 잡식*을 하는 동물들이 배설합니다. 똥의 길이와 굵기는 몸집의 크기에 거의 비례합니다. 필드 워크에 나갔을 때 막대 모양 똥을 발견했다면 다음 동물들을 먼저 의심해 보세요.

▲ 너구리

▲ 일본갯첨서

▲ 담비

▲ 일본원숭이

여우, 너구리, 삵, 일본원숭이, 뉴트리아, 반달가슴곰, 미국너구리, 일본담비, 족제비, 오소리, 수달, 사향고양이, 멧돼지, 일본갯첨서, 바로 이 녀석들이죠. 똥을 싼 범인일 확률이 높답니다.

새끼 꼰 무늬의 똥

볏짚을 꼬아 만든 줄을 새끼라고 합니다. 이 새끼처럼 울퉁불퉁한 무늬가 나타나는 똥을 배설하는 동물들이 있는데요. 바로 초식 동물인 사슴과 산양입니다. 전체적으로 보면 끝이 뾰족한 포탄 모양이에요.

▲ 산양

멧돼지 ▶

덩어리 모양의 똥

막대 모양 똥을 남기는 잡식성 동물이 유난히 초식을 더 많이 했을 때 나타나는 똥 모양입니다. 반달가슴곰, 멧돼지, 사향고양이에게서 발견할 수 있는 똥이죠. 초식 동물인 사슴이나 일본큰날다람쥐도 가끔 덩어리 모양으로 똥을 배설하는 경우가 있습니다.

사슴 ▶

산양 ▶

둥근 모양의 똥

둥근 형태를 띤 똥은 주로 초식 동물이 남기는 필드 사인입니다. 멧토끼의 똥은 둥근 원형이고, 굴토끼는 그와 모양은 비슷하지만 색이 더 까맣습니다. 일본큰날다람쥐의 똥도 둥근 모양입니다.

▲ 일본큰날다람쥐   ▲ 굴토끼   ▲ 멧토끼

크기가 작은 똥

앞에 설명한 것들보다 크기가 작은 똥입니다. 사진을 보면 알 수 있죠? 작은 박쥐류가 남기는 뒤틀린 막대 모양의 똥, 쥐류의 가늘고 긴 쌀알 모양의 똥, 다람쥐류와 하늘다람쥐가 배설한 알갱이 모양의 똥 등이 있습니다.

크기가 작아서 땅 위에서 눈에 잘 띄지 않아 발견하기 어려워요. 눈을 크게 뜨고 주의 깊게 찾아야 하죠.

▲ 흰넓적다리붉은쥐   ▲ 곰쥐   ▲ 집박쥐   ▲ 청설모

💩 특이한 모양의 똥들

무더기 똥

▲ 너구리 가족의 화장실이네요.

너구리는 장소를 정해서 가족 전체가 이용하는 화장실을 만드는 것으로 유명합니다. 너구리 가족이 사는 근처에는 수북이 쌓인 똥이 있죠. 너구리 외에 오소리, 멧돼지, 산양 등 몇몇 동물도 정해진 장소에 무리 전체가 배설을 하는 경우가 있습니다. 이제 숲 속에서 모아진 똥 더미를 발견하면 누구의 것인지 후보를 추려 낼 수 있겠죠?

비비 꼬인 모양의 똥

비비 꼬여 있는 똥이에요. 담비나 족제비가 배설한답니다.

애벌레 모양의 똥

곤충의 애벌레 같은 모양의 똥도 있습니다. 울룩불룩한 모양이죠. 이상한 비유지만, 주먹밥이나 찌그러진 꿀떡이 이어진 모양이라고 할 수도 있겠네요.

끈끈한 막으로 둘러싸인 똥

사향고양이는 끈끈한 막으로 둘러싸인 똥을 배설해요. 그 안에는 미처 소화되지 않은 귤* 씨나 유자의 씨가 들어 있기도 합니다.

🔍 **씨 있는 귤**
보통 우리가 먹는 조생귤은 씨가 없습니다. 그냥 껍질을 까서 알맹이만 먹으면 되죠. 하지만 귤 중에는 씨가 있는 종류가 있습니다. 일명 '낑깡'이라고도 하는 금귤이바로 그것이죠.

35

벌레가 섞여 있는 똥

어떤 똥에는 먹이로 먹은 곤충의 날개나 껍데기가 섞여 있습니다. 특히 곤충의 껍데기를 이루는 키틴질*이라는 물질은 빛에 반사되기 때문에, 벌레가 섞인 똥은 반짝

▲ 여우의 똥이에요. 곤충의 날개가 보이죠?

반짝 빛나 보일 때도 있습니다. 여우, 담비, 족제비가 남기는 똥이 이렇답니다.

석고처럼 굳은 똥

여우는 작은 포유동물을 먹이로 삼는데, 이 동물들의 뼈가 소화되지 않고 똥으로 배설되기도 합니다. 그러면 뼈 속의 칼슘 성분 때문에 겉이 하얗게 변하죠. 얼핏 보면 석고 조각 같기도 하답니다.

▲ 칼슘이 굳어서 석고처럼 하얘진 여우 똥입니다.

털이 섞여 있는 똥

여우나 너구리, 족제비처럼 작은 포유동물이나 새를 먹는 녀석들은 가끔 먹은 동물의 뼛조각이나 털이 섞인 똥을 배설할 때가 있습니다.

🐟 먹이 흔적

육식 포유동물은 먹이 흔적을 잘 남기지 않아요. 운이 좋아 육식 포유동물이 남긴 먹이 흔적을 발견했더라도 그 흔적만으로는 어떤 동물인지 알아맞히기 어렵죠.

　하지만 초식 포유동물은 어떤 종인지 확실하게 알 수 있는 특징적인 먹이 흔적들이 많습니다. 더불어 식물의 종류와 흔적이 남은 부위까지 파악하면, 그 주인공을 단번에 알아맞힐 수도 있죠.

왕가래나무 열매에 남은 먹이 흔적

산속 물가에서 자라는 왕가래나무의 열매는 많은 동물들이 좋아하는 먹이입니다. 이 열매에는 다양한 동물들이 특징적인 먹이 흔적을 남기고 갑니다.

▲ 흰넓적다리붉은쥐가 남긴 먹이 흔적이에요. 보다시피 둥근 구멍이 2개나 뚫려 있습니다.

▲ 청설모는 열매를 반으로 나누어 먹었네요. 잘린 부분에 갉아 낸 흔적이 보이죠?

▲ 멧돼지는 단단한 이로 열매를 깨물어 먹습니다.

▲ 시궁쥐의 먹이 흔적입니다. 끝 부분부터 갉아 먹었는지 구멍이 뚫려 있네요.

쥐류, 다람쥐류의 동물들의 앞
니를 말해요.

잎과 줄기, 가지에 남은 먹이 흔적

쥐나 다람쥐류, 토끼류는 예리한 절치*로 식물을 씹어 먹기 때문에
잘린 부위가 매우 날카롭습니다.

▲ 일본큰날다람쥐의 나뭇잎 먹이 흔적이에요. 먹
을 때 잎을 2번 접고 4번 접어서 먹은 경우, 이
렇게 V자 모양으로 잎이 잘리는 독특한 먹이
흔적이 남습니다.

▲ 멧토끼 먹이 흔적

▲ 뉴트리아 먹이 흔적

▶ 사슴, 일본산양은 위턱에 앞니
가 없어요. 그래서 아랫니와 윗
잇몸에 먹이를 끼고 뜯어 먹습
니다. 이 때문에 잘린 부위가 깨
끗하지 않죠.

▲ 사슴 먹이 흔적   ▲ 일본산양 먹이 흔적

솔방울에 남은 먹이 흔적

솔방울에 든 씨는 야생 포유동물들의 좋은
먹이입니다. 이 솔방울을 먹으려면 비늘조
각을 벗겨 내야 합니다. 그래서 동물들이 먹
고 남긴 솔방울을 보면 마치 새우튀김 같은
모양이 됩니다. 청설모가 이런 먹이 흔적을
남기기로 유명하고요. 대만청설모, 일본큰
날다람쥐, 곰쥐도 비슷한 먹이 흔적을 남깁
니다.

▲ 청설모가 먹고 남긴
솔방울이에요.

▲ 일본큰날다람쥐가
남긴 솔방울이에요.

그 밖의 필드 사인

목욕하는 곳

▲ 멧돼지가 털을 씻은 장소예요.

🔍 **사슴의 집단생활**
번식기 동안 사슴은 수컷 한 마리가 여러 마리의 암컷을 거느리며 집단생활을 합니다. 이를 '하렘(harem)'이라고 부릅니다.

습지나 오랫동안 묵은 땅에서는 멧돼지나 사슴이 진흙으로 목욕을 한 필드 사인을 발견할 수 있습니다. 멧돼지는 진흙 목욕을 하여 털에 붙은 기생충을 제거하죠. 따라서 멧돼지 목욕탕 주변에는 진드기가 많이 떨어져 있으니, 가까이 가지 말고 멀찍이 서서 관찰하는 것이 좋습니다.

사슴이 목욕한 자리는 초가을 번식기에 발견하기 쉽습니다. 주로 집단*에서 홀로 떨어져 나온 수컷 사슴이 목욕하는 곳을 만들죠. 단단한 뿔로 힘차게 흙을 파헤치고 거기에 자신의 오줌을 섞어서, 진흙 목욕탕을 만들어 목욕을 즐긴답니다.

지나다니는 길

어떤 동물이 한 길로 빈번하게 지나다니면, 그 장소가 밟혀서 다져지겠죠? 그것이 바로 야생 동물이 지나다니는 길이랍니다.

이 길을 탐색할 때는 허리를 구부리고 야생 동물들의 눈높이가 되도록 노력해 보세요. 야생 동물들은 숲길이나 등산로, 산책로와 같이 사람이 다니는 길을

▲ 눈 내린 직후 동물의 길을 촬영한 사진입니다.

이용하기도 합니다. 이런 길의 옆을 조심히 관찰하면 동물들이 지나다닌 흔적이 보일 것입니다.

🏠 보금자리와 둥지

야생 동물들은 땅에 굴을 뚫거나 나무에 난 동굴, 바위의 갈라진 틈에 보금자리를 틉니다. 여기서 보금자리란, 한 동물이 여러 군데에 만들어 두고 그곳을 차례로 돌아다니며 휴식처로 이용하는 장소입니다. 보금자리는 땅굴이 될 수도 있고요. 나무 구멍이나 나무 굴이 될 수도 있습니다. 새가 나무 위에 짓는 둥지도 보금자리에 포함이 됩니다.

▲ 멧밭쥐가 벼 위에 만든 둥지예요. 저 안에서 지금 새끼를 기르고 있답니다.

다른 보금자리와는 다르게 둥지는 기본적으로 번식과 새끼를 기르기 위한 장소입니다. 땅굴이나 나무 구멍과 구조가 다르고, 대부분 높은 나무 위나 풀숲 사이에 있어서 발견하기는 어려울 수 있습니다.

난 오소리야

난 여우

▲ 왼쪽은 오소리의 땅굴이고, 오른쪽은 여우의 땅굴이에요. 오소리 굴의 출입구는 가로로 길고 여우 굴의 출입구는 세로로 기네요. 그 외에 형태나 크기는 비슷합니다.

🪓 뿔 간 흔적과 발톱 흔적

나무 기둥을 유심히 살펴보면 곰이 발톱으로 긁은 자국이
나 사슴이 뿔을 간 흔적을 볼 수 있습니다. 또 여우의 굴
주변에는 엄마 여우가 새끼 여우에게 장난감으로 가져
다준 나무토막을 발견할 수 있는데요. 여기에 새끼 여
우가 발톱으로 긁은 흔적이 남아 있기도 한답니다.

▲ 나무 기둥에 남은 반달가슴곰의 발톱 흔적이랍니다.

필드 사인을 발견하면 어떻게 해야 할까?

디지털 카메라로 기록하기

디지털 카메라는 필드 사인을 기록하는 데 매우 유용한 도구입니다.
촬영한 날짜와 시간이 자동으로 기록되고, 파일을 컴퓨터로 옮겨서
확대해 보거나 다른 필드 사인 기록과 비교할 수 있는 등 다양한 장
점이 있기 때문이죠.

　하지만 너무 좋은 카메라를 살 필요는 없어요. 콤팩트 디지털 카
메라*나 초보자용 DSLR 카메라*
정도면 됩니다. 다만, 작은 똥이나
먹이 흔적을 촬영해야 하므로 접
사(close-up, 물체를 가까이서 찍
는 것) 기능이 뛰어난 카메라를 선
택하는 것이 좋겠죠. 어두운 수풀

▲ 울퉁불퉁한 땅 위에서 사진을 찍을 때는 균형을
　잡기 어려우니까, 삼각대를 이용하세요.

🔍 **콤팩트 디지털 카메라**

일반적으로 많이 쓰는 카메라
형태로 '똑딱이 카메라'라고도
부릅니다. 카메라 렌즈의 위치
와 사용자가 눈을 대고 보는
위치가 다르죠.

🔍 **DSLR 카메라**

카메라 형태 중에 SLR(Single
Lens Reflex, 일안 반사식)이
라는 것이 있어요. 이것은 카메
라 앞에 달린 렌즈를 통해 들
어오는 빛을, 카메라 안에 달린
거울이나 프리즘으로 한 번 반
사시켜 찍는 사람이 볼 수 있
게 하는 방식이에요. 즉, 카메
라 렌즈가 찍는 그대로를 사용
자도 똑같이 보는 것이죠. 예전
에는 사진 전문가들이 주로 사
용했지만, 최근 가격이 저렴한
제품들이 나오면서 일반 사람
들도 구매하는 추세랍니다.

안에서 촬영할 때는 조명도 들고 있어야 하고 균형을 잡기 어려우므로, 삼각대와 같은 보조 도구가 있으면 편리합니다. 그러나 관찰할 때는 이곳저곳을 걸어 다녀야 하기 때문에 되도록 촬영 도구는 꼭 필요한 것만 가지고 다니는 것이 바람직합니다.

1. 사진은 최대한 많이 촬영하기

촬영을 할 때는 카메라 안에 있는 플래시보다 자연광을 조명으로 삼는 것이 더 좋아요. 어두운 곳에서는 작은 흔들림에도 쉽게 사진의 초점이 나가기 때문에 삼각대를 사용하든가, 나무에 몸을 기대고 팔을 고정한 채 촬영해야 합니다.

중요한 것 한 가지! 하나의 필드 사인이라도 앵글이나 거리를 바꾸어 가면서 여러 장을 찍어 두면 정보가 훨씬 다양해진답니다. 예를 들어 발자국의 경우, 먼저 뚜렷한 프린트와 보행 패턴을 촬영하고 다시 각도를 넓혀 주변 환경도 포함하여 촬영하는 것이죠.

• 사슴의 발자국을 촬영해 봅시다! (콤팩트 디지털 카메라 사용)

❶ 먼저 발자국을 촬영합니다. 옆에 자를 두고 찍으면 더 좋아요.

❷ 그다음, 보행 패턴을 알 수 있도록 진행 방향을 위로 하여 촬영합니다.

❸ 마지막으로 발자국을 발견한 곳이 강가임을 알 수 있도록 전체 풍경을 찍습니다.

참고로 말해 두지만, 사진을 기록하는 것만큼 현장에서 충분히 관찰하는 것도 중요합니다. 현장이야말로 소중한 정보가 가득한 보물 창고니까요. 사진 찍는 데만 열중하여 실제로 보고, 듣고, 만지고, 냄새를 맡아 보는 일을 소홀히 하면 안 됩니다.

2. 사진 정리해 두기

"이 사진은 어디서 찍었더라?"

찍어 온 사진을 보면서 이런 의문이 든다면, 그건 기록으로서의 가치가 없는 것과 다름없습니다. 촬영해 온 자료를 컴퓨터에 옮겼다면 촬영 장소와 동물 이름, 날짜 등을 파일 이름으로 기입해 두세요. 아니면 따로 문서를 만들어 사진 번호와 그 사진에 대한 정보를 기록해 두고 날짜 별로 폴더를 만들어 저장하세요.

발자국 석고 뜨기

발자국 석고는 수집품으로서도 가치가 있지만, 현장에서 분석하기 어려운 발자국을 면밀히 관찰할 수 있다는 점에서 더욱 가치가 있습니다. 현장에서 눈으로만 봐서는 모양을 잘 모를 때나 처음 보는 발자국을 보았을 때, 석고를 떠 집으로 가져와 관찰해 보세요. 그냥 봤을 때는 보이지 않던 특징들을 발견할 수 있을 것입니다.

석고에는 여러 종류가 있어요. 우리는 발자국 본을 뜨는 거니까 여기에 적합한 것을 고르도록 합니다. 추천할 만한 것은 나뭇진*이 든 석고입니다. 빨리 굳고 잘 쪼개지지 않는 장점이 있답니다.

🔍 **나뭇진**
소나무나 전나무와 같은 나무에서 나오는 액체로 점성도가 높아 끈적끈적하답니다.

• 발자국 석고를 만들어 봐요!

❶ 발자국에 붙은 쓰레기나 먼지를 제거합니다. 경우에 따라서는 주위에 막을 둘러 에워쌉니다.

❷ 석고를 용기에 넣어 녹입니다. 쥐와 족제비처럼 작은 포유동물인 경우, 더 묽게 녹여야 합니다. 녹인 석고를 발톱같이 비좁은 부분부터 흘려 넣습니다. 이때 기포가 생기지 않도록 조심해야 하는데, 손끝에 묻혀서 튕기듯 넣으면 좋습니다.

❸ 석고가 마르면 주위를 파내어 아래부터 조심스럽게 파 올립니다. 그리고 수건 같은 것으로 잘 감싸서 집으로 가지고 오세요.

❹ 흐르는 물에 칫솔로 깨끗하게 씻습니다. 너무 세게 하면 석고가 부서질 수 있으니 조심하세요.

❺ 조립식 장난감에 뿌리는 무광 스프레이를 뿌리면, 발톱까지 더욱 선명하게 보인답니다.

❻ 완성된 너구리의 앞발과 뒷발 석고 본이에요!

발자국 트랩 만들기

야생 동물의 보행 패턴을 보고 싶다면, 동물들이 지나
다니는 길에 발자국 트랩을 설치해 보세요. 발자국 트
랩은 다음과 같은 순서로 만들면 됩니다.

▲ 오소리의 발자국 트랩이랍니다.

1. 널따란 판자 위에 적당하게 반죽한 진흙을 흙손*
   으로 평평하게 쌓아 올립니다.
2. 진흙 표면에 체를 사용하여 가루를 얇게 뿌려 두세요. 다음날 확
   인할 때 멀리에서도 발자국이 찍혀 있는지 아닌지 쉽게 알아볼 수
   있습니다.
3. 트랩 주변은 낙엽이나 나뭇가지로 가려서 자연스럽게 마무리합
   니다.

   트랩을 놓자마자 동물들이 보행 패턴을 남기지는 않을 거예요. 하
지만 처음에는 발자국을 트랩을 경계하던 야생 동물도, 나중에는 트
랩 위에 보행 패턴을 남기고 떠날 것입니다. 인내심을 가지고 기다
려 보세요.

🔍 **흙손**
물을 타서 묽게 만든 흙이나
시멘트 따위를 바닥에 바를
때, 그 표면을 반반하게 다지
는 도구입니다.

45

야생 동물의 세계는 여러분이 생각하는 것보다 훨씬 가까이에 있습니다. 조금만 둘러보면 우리 주변에서 살아가고 있는 포유동물들의 비밀스러운 이야기를 엿볼 수 있어요.

2장에서는 우리나라에는 살지 않고 일본에만 살고 있는 포유동물들에 대해 알아볼 거예요.

우리나라와 일본이 육지로 연결되어 있던 빙하기에는 대륙을 통해 많은 포유동물들이 일본으로 건너갔습니다. 오랜 시간이 흘러 우리나라와 일본이 바다로 가로막히자 지금은 일본에서만 볼 수 있는 포유동물로 진화하였죠.

일본에만 살고 있는 독특한 포유동물에는 과연 어떤 친구들이 있을까요? 함께 알아봅시다!

_ 국립생물자원관 동물자원과 한상훈 박사

일본에는 어떤 포유동물들이 살고 있을까?

저는 나무 위에서도 아주 잘 생활한답니다.

▲ 일본원숭이는 일본에 사는 유일한 영장류*입니다(사람 제외).

※ 사진은 모두 혼슈원숭이예요.

"일본 하면 가장 먼저 떠오르는 동물이 뭔가요?"라고 물으면, 대부분의 사람들은 '일본원숭이'라고 대답합니다. 그만큼 일본원숭이는 일본을 대표하는 동물이죠. 여러분도 회색과 갈색이 섞인 털로 뒤덮인 몸에, 빨간 엉덩이를 씰룩거리며 온천을 거니는 일본원숭이의 뒷모습을 쉽게 떠올릴 수 있을 거예요.

일본원숭이는 주로 산지에서 살며, 적게는 수십 마리에서 많게는 수백 마리가 무리를 이루어 지냅니다.

▼ 오른쪽 뒷발을 볼까요? 5개의 발가락이 있는데, 첫째 발가락이 크고 길죠. 뒷발 길이는 대략 13.5~17.2cm 정도입니다.

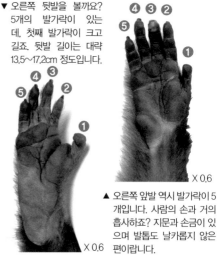

X 0.6

X 0.6

▲ 오른쪽 앞발 역시 발가락이 5개입니다. 사람의 손과 거의 흡사하죠? 지문과 손금이 있으며 발톱도 날카롭지 않은 편이랍니다.

텔레비전에서 수컷 원숭이, 암컷 원숭이, 새끼 원숭이가 옹기종기 모여 서로 털을 골라 주는 모습을 본 적이 있을 거예요. 다만, 수컷 어른 원숭이 중에는 무리를 떠나 홀로 생활하는 녀석도 있는데요. 이를 '외톨박이 원숭이'라고 부릅니다.

식물의 잎과 씨, 열매를 즐겨 먹지만 곤충류와 그 외의 작은 포유동물도 먹습니다. 해안에서는 해조류나 조개를 먹기도 하죠. 일본원숭이는 2아종*으로, 혼슈원숭이와 야쿠시마 섬(屋久島)에 사는 야쿠원숭이가 있습니다. 아오모리 현(青林縣) 시모키타 반도(下北半島)에 살고 있는 일본원숭이는 세계에서 가장 북쪽에 사는 원숭이라고 하네요.

▲ 나가노 현(長野縣) 지고쿠다이(地獄谷)의 온천에 사는 일본원숭이입니다. '눈원숭이(Snow monkey)'라 불리며 해외에서도 유명하죠.

▲ 낮에는 무리를 지어 다니며 먹이를 먹고, 밤이 되면 나무 위나 바위 근처에서 휴식을 취합니다.

🐾 발자국

일본원숭이의 발자국에는 앞발과 뒷발 모두 5개의 발가락 자국이 남아 있습니다. 앞발은 발가락이 길쭉하고 마치 사람의 손처럼 생겼습니다. 다른 동물들과 확연히 다르기 때문에 금방 알아볼 수 있을 거

🔍 영장류(靈長類)

포유강에 속에는 영장목 동물을 통칭하는 말입니다. 대개 얼굴이 짧고, 한 쌍의 유방을 가지고 있죠. 기본적으로 다섯 손가락을 가져서 물건을 자유로이 쥐고 사용할 수 있습니다. 현재 영장목에는 230여 종이 있는데요. 사람도 영장목에 속한답니다.

🔍 아종(亞種)

종(種)을 다시 세분한 생물의 분류 단위예요. 다른 종으로 구분하기에는 비슷한 점이 많고, 그렇다고 같은 종으로 두기에는 사는 곳이나 여러 면에서 차이가 나는 경우에 '아종'으로 분류를 하죠.
참고로 동물의 분류는 '종'을 기본으로 하되 다음과 같은 순서를 가집니다.
문〉강〉목〉과〉속〉종〉아종

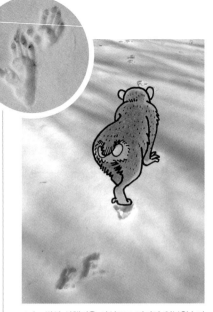

▶ 눈 위에 남겨진 오른쪽 앞발(위)과 오른쪽 뒷발(아래)입니다. 발뒤꿈치까지 확실하게 찍혀 있죠? 뒷발은 첫째 발가락과 나머지 네 발가락의 사이가 굉장히 넓습니다.

▲ 눈 쌓인 산책길을 사선으로 걸어간 일본원숭이의 보행 패턴입니다.

예요. 뒷발은 앞발에 비해 전체적으로 더 길쭉하고 첫째 발가락과 둘째 발가락 사이가 넓습니다.

보통 나무를 타고 이동하지만 다른 야생 동물과 마찬가지로 사람들이 만든 길로도 돌아다닙니다. 그래서 일본원숭이의 발자국을 찾으려면 깊은 숲 속보다는 눈이 소복이 쌓인 도로가 더 좋습니다. 수확을 앞둔 논밭도 좋고요.

🐗 지나다니는 길

눈이 내리지 않는 봄부터 가을까지에는 일본원숭이의 발자국을 발견하기가 매우 어렵습니다.

그러나 여러 마리의 일본원숭이가 무리를 지어 이동한 곳은 자연스럽게 길이 생깁니다. 꾹꾹 밟아서 다져진 일본원숭이의 길이 아주 뚜렷하게 보일 거예요.

▲ 언덕 비탈길에 비스듬히 가로질러 나 있는 길이 보이나요? 이 위에는 일본원숭이가 좋아하는 사과밭이 있습니다.

🟤 똥

일본원숭이의 필드 사인 가운데 가장 쉽게 눈에 띄는 것은 똥입니다. 보통 몇 개의 마디로 나누어져 있는 애벌레 모양의 똥을 배설하죠. 하지만, 계절과 먹은 것에 따라 색이나 형태가 다양해집니다. 예를 들면, 겨울에는 겨울눈*이나 나무껍질을 많이 먹는데요. 그 후 배설한 똥은 갈색을 띤 삼각형 덩어리가 여러 개 이어진 모양입니다. 봄과 여름에는 새싹이나 어린잎을 먹고 초록색의 부드러운 소시지 모양의 똥을 누지요. 과일을 많이 먹을 수 있는 가을에는 씨가 많이 든 소시지 모양의 똥을 배설합니다. 똥은 일본원숭이가 다니는 길에서도 볼 수 있지만 특히 숲길의 가장자리, 댐이나 제방, 바위 위, 밝게 트인 산등성이에서 더 쉽게 발견할 수 있습니다. 이런 곳에서 일본원숭이들은 우두커니 앉아 먼 곳을 바라보며 쉬는 걸 좋아합니다.

🔍 겨울눈

늦여름부터 가을 사이에 생겨, 이듬해 봄에 자라는 싹을 말해요.

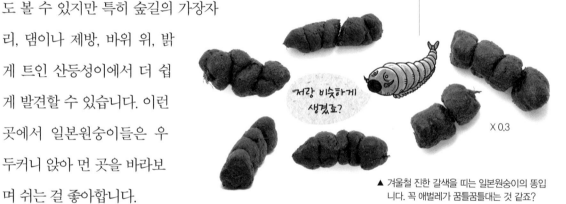

저랑 비슷하게 생겼죠?

X 0.3

▲ 겨울철 진한 갈색을 띠는 일본원숭이의 똥입니다. 꼭 애벌레가 꿈틀꿈틀대는 것 같죠?

▲ 일본원숭이의 똥은 숲길 바로 옆에 있는 도로 위에서 발견되는 경우가 많습니다.

▲ 초여름의 똥은 부드럽고 초록색을 띠는 소시지 모양입니다.

▲ 똥이 건조해지면 울룩불룩했던 마디가 부스스 흐트러져 버린답니다.

🔍 **곡면 거울**
(curve mirror, 커브 미러)
도로의 굽은 길에 교통사고를 방지하기 위해 세워 둔 거울이에요. 거울 유리면이 둥글게 되어 있어 보이지 않는 곳에서 나오는 차나 사람을 볼 수 있게 해 줍니다.

〰️ 발톱 흔적

산책길에 세워져 있는 간판이나 곡면 거울*에 진흙과 발톱 흔적이 남아 있다면, 일본원숭이의 짓일 가능성이 높습니다. 거울에 비친 자신의 모습을 보고 만지려 앞발을 내밀었다가 흔적을 남긴 것이죠.

▲ 할퀸 자국이 남은 곡면 거울입니다. 자신의 모습이 신기해서 만져 보려다 흔적을 남기고 말았네요.

📢 울음소리

막 배설한 듯 보이는 똥과 방금 흘린 것 같은 먹이 흔적, 흐트러지지 않은 선명한 발자국을 발견했다면 일본원숭이가 가까이에 있을 가능성이 큽니다. 조금만 더 찾아보면 일본원숭이를 만날 수 있는 순간! 이럴 때 마지막 실

▲ 곡면 거울에 남아 있는 일본원숭이의 발가락 흔적입니다. 진흙이 묻어 있네요.

마리가 되는 것이 바로 울음소리입니다. 잠시 멈춰 서서 귀를 기울여 보세요. 어디선가 원숭이 무리의 울음소리가 들릴 것입니다.

동료와 싸울 때 내는 '후갸걐' 하는 소리는 멀리까지 울려 퍼지기 때문에 쉽게 들을 수 있습니다. 만약 운이 좋아 가까운 곳에 원숭이 무리가 있다면 '끽끽' 혹은 '키키' 하는 소리도 들을 수 있죠.

만약 산속을 걷다가 갑자기 '끼리릭' 하는 소리가 들린다면 조심해야 합니다. 일본원숭이 무리가 조용히 다가와 주위를 에워싸고 있을

수 있기 때문입니다. 이럴 때는 눈을 맞추거나 위협하지 말고, 꼼짝하지 않은 채 무시하는 것이 상책입니다. 유명 관광지에 살면서 사람들에게 익숙해진 원숭이 무리는 특히 더 조심하도록 하세요! 음식을 보였다간 뺏기기 십상이거든요.

▲ 이른 봄에는 벼와 초본*을 먹습니다.

🐟 먹이 흔적

일본원숭이가 무리를 지어 다니며 먹이를 먹은 곳에는 찌꺼기들이 지저분하게 남아 있습니다. 앞발의 발가락 끝으로 도토리나 밤을 능숙하게 까서 먹고 껍데기는 버리고 가거든요. 일본원숭이는 한 장소에서 하나의 먹이만 먹기 때문에 나무껍질이면 나무껍질만, 도토리면 도토리 껍데기만 남게 됩니다.

먹을 것이 적은 겨울에는 나무껍질을 벗겨 먹습니다. 이때 이빨 자국이 가로로 남기 때문에 이런 흔적을 보면 '아, 일본원숭이의 먹이 흔적이구나' 하고 생각하면 됩니다. 사슴도 겨울에 나무껍질

▲ 풀밭 옆에서 민들레를 먹은 흔적입니다.

▲ 나무에 가로로 남은 이빨 자국이 보이나요?

🔍 **초본(草本)**
연하고 물기가 많아 질기거나 단단하지 않은 식물을 통틀어 부르는 말입니다.

개동청나무

감탕나뭇과의 상록수입니다. 원산지는 일본이고요. 바닷가나 산기슭의 그늘진 곳에서 자랍니다. 뿌리가 얕아서 자랄수록 기울어지는 특성이 있는데, 이 때문에 태풍이 오면 잘 쓰러져 버린답니다.

을 벗겨 먹어서 비슷한 흔적을 남기는데요. 하지만 걱정할 필요는 없습니다. 사슴의 경우 이빨 흔적이 세로로 남아서 일본원숭이의 흔적과 충분히 구별해 낼 수 있으니까요.

▲ 민들레의 잎과 뿌리줄기를 먹었군요.

▲ 손끝으로 도토리를 야무지게 까먹었네요.

▶ 상록수인 개동청나무* 잎에 남은 먹이 흔적입니다. 이른 봄에 남긴 것이네요.

▲ 가끔은 과수원에 있는 감도 몰래 따 먹습니다.

▲ 아까시나무의 꽃을 먹기 위해 가지를 구부렸나 봐요.

54

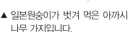

◀ 아까시나무*의 껍질을 맛있게 먹고 있습니다.

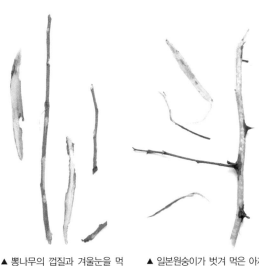

▲ 뽕나무의 껍질과 겨울눈을 먹은 흔적이에요.

▲ 일본원숭이가 벗겨 먹은 아까시나무 가지입니다.

◀ 일본원숭이는 사과를 먹으려고 사람이 사는 마을에 출몰하기도 합니다.

▲ 겨울철, 뽕나무를 타고 다니며 먹을 것을 찾느라 분주합니다.

더 알아봐요

📢 콘크리트를 핥아서 염분을 보충하는 일본원숭이들

일본원숭이의 보금자리 주변에 있는 콘크리트 구조물이나 돌담 틈새를 보면, 그 위에 진흙이 붙어 있는 경우가 있습니다. 이것은 일본원숭이가 '소금 핥기'를 한 흔적이죠. 일본원숭이는 콘크리트로 만든 인공 구조물을 핥아서 염분을 보충합니다. 콘크리트에는 강의 자갈이나 바닷모래가 섞여 있어 염분이 들어 있거든요. 한마디로 일본원숭이에게 콘크리트는 짭짤한 양념인 셈입니다. 사슴이나 두더지도 마찬가지로 콘크리트를 핥는 습성이 있습니다.

🔍 **아까시나무**

콩과에 속하는 나무로, 5~6월에 긴 꽃대 위로 흰 꽃 여러 송이가 핍니다. 꽃향기가 매우 강하고 꿀은 달콤하죠.

55

식육목 미국너구리과

미국너구리

머리·몸 길이 42~60cm
꼬리 길이 19.2~40.5cm
체중 6~10kg

제 고향은
북아메리카예요.

▲ 미국너구리는 꼬리에 있는 줄무늬가 특징입니다.

미국너구리는 북아메리카에서 일본으로 들어온 귀화
종*입니다. 동물원에서 도망쳐 나오거나 애완용으로
수입되었던 녀석이 산으로 가 야생화한 것이 대부분이
죠. 일본에서는 정착한 지 수십 년 만에 전국으로 확산
되었다고 합니다. 정말 생활력이 강한 것 같죠?

　아무 것이나 다 잘 먹는 잡식성에, 물가를 좋아하고
나무 타기도 잘합니다. 주로 혼자 다니지만 때로는 여
러 마리가 무리지어 이동하며 농작물을 훔쳐 먹죠. 이

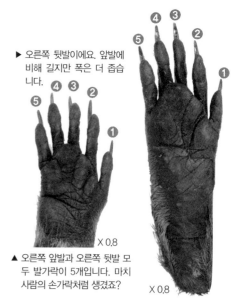

▶ 오른쪽 뒷발이에요. 앞발에
비해 길지만 폭은 더 좁습
니다.

▲ 오른쪽 앞발과 오른쪽 뒷발 모
두 발가락이 5개입니다. 마치
사람의 손가락처럼 생겼죠?

X 0.8

X 0.8

56

때문에 농가 주민들에게는 반가운 존재는 아니랍니다.

일본에는 미국너구리의 영향으로 서식지와 습성이 비슷한 일본족제비가 사라져 버린 지역도 있다고 합니다.

🐾 발자국

미국너구리는 물가 주변으로 돌아다니기 때문에 진흙땅과 논두렁 등에서 발자국이 발견되는 경우가 많습니다.

앞발과 뒷발 모두 5개의 발가락과 발톱 자국이 남죠. 발가락이 길기 때문에 얼핏 보면 어린아이 발자국이나 일본원숭이의 앞발과 비슷해 보입니다. 앞발 자국과 뒷발 자국은 쉽게 구분할 수 있지만 더 힌트를 주자면, 첫째 발가락과 둘째 발가락 사이가 먼 것이 뒷발입니다. 발뒤꿈치까지 자국이 남는 일은 드문 편이며, 보행 패턴은 앞발 옆에 뒷발이 지그재그로 찍히는 모양새입니다.

이렇게 지그재그로 걷죠!

▶ 미국너구리는 앞발 옆에 뒷발을 딛고 지그재그로 걷는답니다.

▲ 말라붙어 쩍쩍 갈라진 하천 바닥에 미국너구리의 보행 패턴이 남아 있네요. 뒤에 살펴볼 뉴트리아와 매우 비슷하답니다. 하지만 뉴트리아는 뒷발만 발가락이 5개이고, 미국너구리는 앞발과 뒷발 모두 발가락 5개라는 점을 기억하면 쉽게 구별할 수 있습니다.

🔍 **귀화종(歸化種)**

원래 그 지역에 서식하지 않았던 동물이 새로이 수입되어 들어와 정착한 것을 말합니다. 이입종이라고도 해요. 뉴트리아와 미국너구리 등 외국에서 가지고 들어온 것이 야생화한 것을 말하지만, 원래 그 나라에 살고 있던 동물이라도 주 서식 지역에서 다른 지역으로 인위적으로 옮겨지면 귀화종에 해당됩니다. 이 귀화종들은 토종 동물의 터전을 빼앗고 사람에게 해를 입히는 등 문제를 일으키기도 합니다.

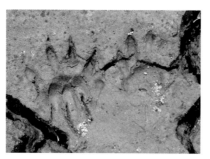

▲ 미국너구리의 오른쪽 앞발(오른쪽)과 뒷발(왼쪽)의 프린트입니다. 발톱 자국이 길게 나 있습니다.

▲ 발뒤꿈치까지 찍힌 프린트입니다. 흔치 않은 일인데, 운이 좋았네요.

🐟◀ 먹이 흔적

미국너구리는 옥수수를 먹을 때 줄기를 옆으로 쓰러뜨려 꺾어서 모조리 먹어 치웁니다. 사향고양이와 너구리도 옥수수를 먹는데, 미국너구리와는 먹는 방식이 조금 다릅니다. 사향고양이는 줄기를 전부 꺾지 않고 절반 정도만 눕혀 열매를 따 먹고, 너구리는 미국너구리처럼 줄기를 옆으로 쓰러뜨리기는 하지만 땅에 닿은 옥수수는 먹지 않습니다. 말하자면 미국너구리는 옥수수가 땅에 닿아서 더러워지든 말든 일단 다 먹고 보는 먹보라는 거죠.

미국너구리는 수박도 아주 좋아합니다. 수박에 구멍을 뚫어 손으로 파 먹는데요. 그래서 미국너구리가 다녀간 수박밭에서는 속이 빈 수박을 볼 수 있답니다.

▲ 미국너구리가 남기고 간 작물 찌꺼기와 발자국(사진 가운데)입니다. 논과 밭은 미국너구리에게 맛난 음식이 많은 장터 같은 곳입니다.

⫽⫽⫽ 발톱 흔적

절이나 민가의 벽과 기둥에는 미국너구리가 기어오
를 때 생긴 발자국이 남아 있는 경우가 있습니다.
물론 요새는 다른 야생 동물들도 사람이 사는 곳
에 오기 때문에 꼭 미국너구리 것은 아닐 수도 있
어요. 그럴 때는 발톱의 굵기를 살펴보면 됩니다.
굵은 발톱 흔적이 5개이면 미국너구리일 가능
성이 높습니다.

▲민가에 있는 나무 기둥에 발톱 흔적을 남기고 갔네요.

⛺ 보금자리

미국너구리는 고향 북아메리카에서 살았을 때, 나무 굴에 보금자리
를 틀었습니다. 그곳에서 새끼를 기르고 휴식을 취했죠. 그러나 일
본에는 미국너구리가 살 만한 큰 나무와 나무 굴이 그다지 많지 않
습니다. 그래서 일본에 사는 미국
너구리들은 주로 농가의 지붕 뒤
쪽이나 마루 아랫부분, 곳간 등에
보금자리를 틀고 있습니다. 원래
귀화한 동물들은 정착한 지역의
주변 환경에 맞춰 보금자리를 찾
거나 새로이 만들어 간답니다.

▲ 나무를 잘 타기 때문에 나무 윗부분에 있는 굴에서
　새끼를 기르기도 합니다.

　다만, 영리한 귀화종이 정착지
에 완벽히 적응한 사이, 본래 그

지역을 터전으로 삼고 있던 토종 동물들은 갈 곳을 잃어 버립니다. 일본너구리나 사향고양이는 미국너구리보다 먼저 마루 아래나 곳간을 보금자리로 이용하고 있었는데요. 지금은 미국너구리 등쌀에 다른 곳으로 이사를 가게 되었다고 하네요.

▶ 하얀 벽에 발자국이 덕지덕지 묻어 있네요.

▲ 산과 접한 민가에서는 지붕 뒤쪽에 보금자리를 틀고 새끼를 기르는 미국너구리를 만날 수 있습니다.

미국너구리   일본너구리

💩 똥

아쉽지만, 미국너구리 똥에는 특징이 별로 없습니다. 이 책에 나온 사진을 보고 비교해 보도록 하세요.

X0.5

◀ 사육된 미국너구리의 똥입니다. 코커
스패니얼, 진돗개, 달마시안 같은 중형
견의 똥과 비슷한 크기입니다.

더 알아봐요

📣 미국너구리를 애완동물로 키운다고요?

일본에서 미국너구리를 애완동물로 키우는 사람들이 부쩍 늘었습니다. 특히 일본에서는 1977년 텔레비전 애니메이션인 〈미국너구리 라스칼〉이 방영된 후 미국너구리 키우기 열풍이 일기도 했죠.

하지만 아무리 귀여워도 야생 동물은 야생 동물! 성질이 거칠고 사람과 친숙해지기 어려운 미국너구리는 주인을 떠나 도망가기 일쑤였습니다. 이렇게 야생으로 도망간 미국너구리들은 토종 야생 포유동물들을 밀어내고 그 자리를 꿰찼죠. 그리고 그것도 모자랐는지 농작물을 파헤치는 등 사람들까지 괴롭히고 있습니다.

이런데도 미국너구리를 애완동물로 키우고 싶다는 사람이 수두룩한데요. 끝까지 책임지고 잘 키울 것이 아니라면 참아 주길 바랍니다.

일본담비

머리·몸 길이 수컷 44.5~49cm, 암컷 42~42.5cm
꼬리 길이 수컷 17.4~23.3cm, 암컷 20.5cm
체중 수컷 0.9~1.9kg, 암컷 0.8~1kg

으쌰!
먹이를 잡으러 가 볼까?

▲ 일본담비는 여름이 되면 얼굴에는 검은 털이, 가슴에는 노란 털이 나고 전체적으로는 갈색 빛을 띱니다.

원래 일본담비는 깊은 산속에서 생활하는 동물이었습니다. 그러나 최근에는 고도가 낮은 산에서도 종종 볼 수 있게 되었죠.

야행성이지만 낮에도 활동하고, 식성은 잡식성입니다. 들쥐나 굴토끼 같은 작은 포유동물과 곤충류, 과일 등 여러 가지를 잘 먹죠. 여름에는 육식을 주로 하고 초가을부터는 초식으로 메뉴를 바꾸는 경향이 있습니다. 나무를 매우 잘 타서 순식간에 나무에 올라가 청

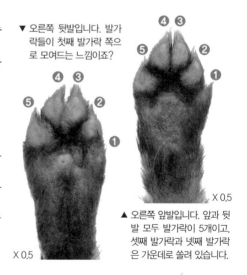

▼ 오른쪽 뒷발입니다. 발가락들이 첫째 발가락 쪽으로 모여드는 느낌이죠?

X 0.5

X 0.5

▲ 오른쪽 앞발입니다. 앞과 뒷발 모두 발가락이 5개이고, 셋째 발가락과 넷째 발가락은 가운데로 쏠려 있습니다.

설모나 다람쥐를 잡아먹고, 새의 알도 날름 훔쳐 먹죠.

일본에는 쓰시마담비와 검은담비가 살고 있습니다. 여기서는 일본에 사는 담비에 대해 우선 알아보고, 우리나라에 사는 담비는 4장에서 더 자세히 다루도록 하겠습니다.

▲ 겨울에는 얼굴이 하얘지고, 전체적으로 노란색을 띱니다.

발자국

일본담비는 발가락 사이에도 털이 나 있어서 발가락까지 뚜렷하게 찍히는 경우가 드뭅니다. 게다가 발자국의 크기와 발가락 사이 넓이가 여우나 너구리와 비슷하기까지 해서, 자칫하면 '네 발가락 자국 동물의 보행 패턴인가?' 하고 오해하기 쉽습니다.

▲ 위쪽 발자국이 오른쪽 뒷발, 아래쪽 발자국이 오른쪽 앞발입니다. 앞발과 뒷발 모두 셋째 발가락을 중심으로 둘째 발가락과 넷째 발가락이 기울어 있습니다. 마치 불꽃처럼 보이죠?

▲ 진흙 위에 남은 일본담비의 보행 패턴입니다.

그러나 뒤꿈치못을 자세히 살펴보면 담비만의 특징이 있습니다. 먼저 앞발 자국은 전체적으로 대칭을 이루고 있으며 뒤꿈치못이 찍혀 있습니다. 그와 반대로 뒷발 자국에는 뒤꿈치못이 없으며 발가락의 흐름이 첫째 발가락 쪽을 향하는 모양입니다.

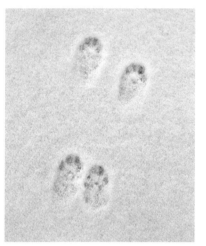
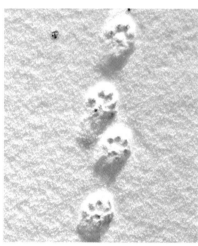

▲ 일본담비의 발자국은 땅의 상태와 걷는 속도에 따라 몇 가지의 보행 패턴으로 나타납니다.

▲ 깊이 쌓인 눈을 오른 일본담비의 발자국입니다. 오른발과 왼발이 거의 나란히 찍혀 있네요.

▲ 눈밭을 달려간 보행 패턴입니다. 발자국들이 조금씩 미끄러진 모양입니다.

💩 똥

일본담비의 똥은 잘린 나무 위나 건축물의 튀어나온 부분, 숲길의 한 복판처럼 사람 눈에도 잘 띄는 장소에서 찾을 수 있습니다. 일본족제 비의 똥보다는 크고요. 여우의 똥보다는 가느다란 편입니다.

일본담비가 여름에 배설한 똥에서는 작은 포유동물의 뼛조각과 새의 깃털 등이 들어 있는 것을 볼 수 있습니다. 그리고 과일이 무르 익는 초가을에 배설한 똥에서는 과일의 씨앗이 들어 있는 것을 볼 수 있죠. 먹이가 적어지는 겨울에는 민가로 내려와 쥐를 잡아먹을 때도 있어서, 겨울 똥에는 여름 똥과 비슷한 내용물이 나오는 경우 가 많습니다.

오래된 똥의 경우에는 냄새를 맡아 보면 옷감에 벌레가 오지 못 하도록 뿌리는 방충제*와 비슷한 냄새가 납니다. 일본담비의 똥으로 보이는 배설물을 발견했다면, 고개를 숙이고 손으로 바람을 일으켜 서 냄새를 한번 맡아 보세요.

일본담비는 영역 표시를 하기 위해서 똥을 배설하기도 합니다.

🔍 **방충제(防蟲劑)**

공중 화장실에서 흰색의 이상 한 냄새가 나는 물건이 있는 것을 본 적 있나요? 이것은 나 프탈렌으로 방충제의 한 종류 입니다. 옛날부터 화장실에 구 더기가 생기지 않게 하는 데 사용되어 온 것이죠. 이렇게 해충이 생겨나지 않도록 하는 방충제는 장뇌, 나프탈렌, 파 라디클로로벤젠과 같이 가스 를 내뿜는 재료를 사용하여 만 듭니다.

▲ 일본담비의 똥은 넘어진 나무 위나 등산길 한복판과 같이 눈에 띄는 장소에서 발견됩니다.

◀ 똥을 자세히 들여다보니 감탕나뭇과* 식물의 씨가 들어 있네요. 이처럼 식물의 씨앗도 알아 두면 똥을 발견했을 때 내용물을 확인하고 무엇을 먹었는지, 언제 배설한 똥인지 판단하는 데에 도움이 됩니다.

X1.0

X1.0

▲ 나무딸기의 씨가 들어 있네요. 냄새를 맡아 보면 진짜 과일 향기가 난답니다.

X1.0

▲ 다람쥐의 털로 추측되는 것이 들어 있는 일본담비의 똥입니다. 겨울에 발견한 것이에요.

🔍 감탕나뭇과

쌍떡잎식물 갈래꽃류의 하나입니다. 가구나 건축물을 만드는 데 쓰일 정도로 단단합니다. 우리나라에는 감탕나무, 꽝꽝나무, 대팻집나무, 먼나무 따위가 자라고 있습니다.

▲ 배수로 옆 콘크리트 구조물 위에 몰래 똥을 싸고 가 버렸군요.

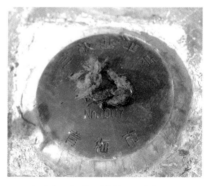

▲ 들쥐 털이 들어 있는 겨울철 일본담비의 똥입니다. 사람이 만들어 놓은 인공 구조물 한복판에 배설하고 갔네요.

🏔 보금자리

일본담비는 나무의 굴, 바위의 갈라 진 틈, 절의 지붕 아래 등에 보금자 리를 잡습니다. 눈이 많이 내리는 지 역에서는 눈 안에 구멍을 파서 보금 자리를 만드는 경우도 있죠. 이를 '담 비의 눈 굴'이라고 부릅니다. 이 눈 굴은 보금자리의 의미보다는 눈을 잠시 피하기 위해 만든 임시 피난처 로서의 의미가 더 큽니다.

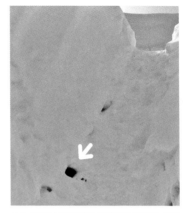

▲ 눈밭에서 일본담비 발자국을 더듬어 가다 보면, 담비의 눈 굴(화살표)에 도달하게 될 거예요.

눈이 많이 내릴 때만 잠시 몸을 피했다가 눈이 그치면 다시 원래 자신의 보금자리로 돌아가는 것이죠.

> 더 알아봐요

📣 담비가 사슴이라고요?

여러분은 '담비'라는 이름을 들었을 때 어떤 이미지가 떠올랐나요? 아마, 대부분 담비라는 이름을 보자마자 동그란 눈에 하얀 점 무늬가 있는 사슴을 떠올렸을 것입니다.

하지만 이번 챕터에서 살펴보았듯이, 담비와 사슴은 완전히 다른 동물입니다. 담비는 족 체빗과에 속하는 동물이죠. 사슴과는 분류 자체가 다릅니다.

그렇다면 사람들은 왜 담비를 사슴이라고 오해하고 있는 것일까요?

아마도 그 이유는 애니메이션 캐릭터인 '밤비'와 이름이 비슷해서일 것입니다. 밤비는 어 린 사슴으로 미국 애니메이션의 주인공인데요. 귀여운 외모에 애교도 많아서 전 세계 어 린이들에게 사랑을 받고 있죠. 이 '밤비'가 '담비'와 발음이 비슷하다 보니 사람들은 두 이 름을 혼동하기 시작한 것입니다.

이 책에서 담비에 대해 제대로 배웠으니, 이제는 헷갈리지 않을 수 있겠죠?

식육목 사향고양잇과

사향고양이

머리·몸 길이 47~54cm
꼬리 길이 37~43cm
체중 1.8~4.3kg

여러분이 알고 있는 고양이와는 많이 다르게 생겼죠?

▲ 사향고양이는 이마부터 코끝까지 흰색 무늬가 나 있는 것이 특징입니다.

사향고양이는 평지부터 산지에 이르기까지 넓은 지역에서 서식하고 있습니다. 동남아시아가 고향이기 때문에 일본에서는 귀화종으로 분류되고 있죠. 사람이 많이 다니는 도시에서도 종종 모습을 드러냅니다. 나무를 잘 타서 숲 속을 자유자재로 돌아다니며 생활합니다.

식성은 아무 거나 다 잘 먹는 잡식성입니다. 곤충류나 작은 새의 알, 과일 등을 즐겨 먹고요. 가끔은 과수원이나 논밭에 먹이를 구하러 나타나기도 합니다.

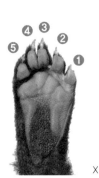

▶ 오른쪽 앞발입니다. 앞발과 뒷발 모두 발가락이 5개이지요. 뒤꿈치못(화살표)이 2쪽으로 갈라져 있어 가지를 옮겨 다닐 때도 미끄러지지 않습니다.

X 0.6

◀ 오른쪽 뒷발이에요. 앞발과 비교해서 뒷발의 발가락이 더 가늘고 길죠. 셋째 발가락과 넷째 발가락 사이가 눈에 띄게 붙어 있습니다. 미끄러지는 것을 방지하기 위해 발바닥 뒤축에 거친 털이 자라 있답니다.

X 0.6

▲ 사향고양이는 나무 타기의 명수입니다. 가지에서 가지로 자유롭게 이동할 수 있죠.

▲ 힘센 뒷발과 굵고 기다란 꼬리를 사용하여 밧줄을 타고 내려가는 사향고양이입니다. 이 녀석은 사람이 기른 거예요.

🔍 야산(野山)
들 가까이에 있는 나지막한 산을 말합니다.

사향고양이의 발은 첫째 발가락이 다소 작긴 하지만 전체적으로 색과 형태가 사람의 발바닥과 매우 흡사해요. 그래서 일본 사람들은 사향고양이를 죽은 어린아이가 환생한 동물이라 믿고, 더 아끼고 보호한다고 합니다.

🐾 발자국

야산*에서 이동할 때는 강가로 다니기 때문에, 사향고양이의 발자국은 진흙 위에 찍혀 있는 경우가 많습니다. 주택지에서는 주로 전선을 타거나 지붕, 벽돌 담장, 정원 나무를 이용해 마치 곡예사처럼 공중으로 다니죠. 밑으로 잘 내려오지 않아 길거리에서는 사향고양이의 발자국을 볼 기회가 거의 없습니다. 다만 날씨가 변수인데요. 비가 내렸을 때 사향고양이의 발이 젖어 있거나 발에 진흙이 묻어 있는 경우에는 지붕이나 처마 끝, 벽돌 담장 위에 발자국이 남기도 합니다.

▲ 앞발과 뒷발이 겹쳐져 있네요.

🔍 **번식기(繁殖期)**
동물이 새끼를 낳기 위해 짝짓기를 하거나 새끼를 낳아서 기르는 시기입니다.

특별한 경우가 아니고서는 발자국에 발톱 자국까지 남지는 않습니다. 그러나 사향고양이는 발톱을 자유자재로 조절할 수 있어서, 걷기 힘든 곳에서는 발톱을 브레이크로 사용합니다. 이 때문에 깊은 진흙 위에서는 발톱 자국이 선명한 사향고양이의 발자국을 발견할 수 있습니다.

▲ 민가의 지붕 뒤쪽에 있는 보금자리로 들어가는 출입구(화살표)입니다. 집주인 아주머니 말에 따르면, 사향고양이가 드나드는 것을 알아차렸을 때는 이미 구멍이 커져 있었다고 하네요.

🏠 보금자리

사향고양이는 한곳에 보금자리를 틀지 않고, 이리저리 돌아다니며 생활하는 습성이 있습니다. 물론 새끼를 기르는 동안에는 보금자리를 마련하겠지만, 번식기*가 정확하게 알려져 있지 않아 관찰이 어렵죠.

이 책을 쓰신 구마가이 사토시 선생님은 도쿄에서 절 지붕 안쪽에 있는 사향고양이를 보았다고 하는데요. 이를 토대로 생각해 봤을 때

▲ 바위틈(화살표)을 보금자리로 이용하는 경우도 있습니다.

▲ 물받이를 사다리처럼 이용해 지붕에 올라갑니다.

사향고양이는 민가의 지붕 뒤쪽이나 가장자리, 곳간, 돌담의 틈새 등을 보금자리로 이용하는 것 같습니다.

똥

사향고양이의 똥은 먹은 것에 따라 형태는 달라지지만, 크기는 대개 일본담비의 똥보다 굵고 너구리의 똥보다는 얇습니다. 과일이 풍성한 초가을에는 씨앗이 든 똥을 많이 배설하죠.

▲ 도시에 흐르는 작은 하천은 사향고양이의 전용 통로입니다. 하천을 가로지른 다리 밑 그늘을 보면 똥을 발견할 수 있습니다.

잡식성이라 곤충의 잔해나 작은 포유동물의 털이 든 똥도 발견되는데, 양쪽 끝을 꼬아 포장한 사탕 모양과 비슷합니다.

귤이나 유자를 먹고 배설한 똥은 일명 낫토* 똥이라 불리는, 사향고양이만의 특유한 똥입니다. 주택지의 돌담 위나 배수구, 지붕 위에서 낫토 똥을 발견하면 사향고양이의 똥이라고 생각하면 됩니다. 때로 똥이 무더기로 쌓여 있을 수도 있어요.

X 0.5

◀ 사람 손에 길러진 사향고양이의 똥입니다. 아무 거나 잘 먹는 식성답게 형태와 색이 다양하죠.

낫토(納豆)

삶은 콩을 발효시켜 만든 일본 전통음식입니다. 냄새가 독특하고 젓가락으로 휘휘 저으면 끈적끈적한 실타래가 생겨납니다. 건강에 이로운 성분이 많아서 영양 음식으로 인기가 많습니다.

▲ 매미 애벌레가 들어 있네요.

▲ 가정집의 배수구에 사향고양이가 똥 무더기를 남겨 놓았습니다.

▲ 이것이 바로 낫토 똥입니다. 귤을 먹은 후 배설한 똥이죠.

🐟 먹이 흔적

사향고양이는 발가락으로 가지를 꽉 쥐고 나무 사이를 자유롭게 돌아다닙니다. 특히 뒷발보다 앞발을 능숙하게 사용하죠. 하지만 발가락 끝으로 무언가를 잡거나 과일 껍질을 까는 것처럼 미세한 작업은 할 줄 몰라서, 앞발로 과일을 따지는 못합니다.

그래서 사향고양이는 과일을 먹을 때, 가지를 입 앞까지 당겨 베어 먹습니다. 마치 소풍이나 운동회에서 하는 '과자 따 먹기 게임'처럼요(과자를 실로 묶어 공중에 매달아 놓고, 손을 대지 않은 채 입으로 베어 먹는 게임 알죠?).

입으로 베어 먹다 미처 다 못 먹은 과일은 그대로 나무에 남겨 놓고 갑니다. 그 과일 역시 사향고양이의 필드 사인이 됩니다. 그런데 가끔 새들도 과일을 쪼아 먹고, 그대로 남겨 둔 채 날아가 버리는 경우가 있어요.

▲ 사향고양이가 갉아 먹은 흔적이 고스란히 남은 배입니다.

이 때문에 새가 먹은 과일과 사향고양이가 먹은 과일이 헷갈릴 수 있습니다.

이럴 때는 반드시 과일을 따다가 이빨 자국이 있는지 확인해야 합니다. 새는 부리밖에 없어서 이빨 자국이 남지 않으니까요. 만약 이빨 자국이 남아 있다면, 그건 사향고양이가 먹은 과일이겠죠?

사향고양이가 식사를 하고 간 귤나무에는 귤 꼭지와 그 주변 껍질만 남아 있는데요. 이것을 멀리서 보면 꼭 하얀 꽃이 만발해 있는 것 같답니다.

▲ 줄기에 붙어 있는 옥수수를 먹었네요. 따지 않고 줄기에 붙은 그대로 껍질을 벗겼습니다.

더 알아봐요

📢 세상에서 가장 비싼 커피 '코피루왁'

커피 열매를 먹은 사향고양이의 배설물로 만드는 커피, 코피루왁(Kopi Luwak). 이 커피는 인도네시아의 대표적인 커피예요. 인도네시아의 특정 지역에서만 아주 소량으로 생산되기 때문에 세상에서 가장 비싼 커피라는 기록을 가지고 있죠. 실제로 1년에 생산되는 코피루왁은 500~800kg밖에 안 된다고 해요. 우리나라에서 마시려면 한 잔에 5만 원을 줘야 할 정도죠.

그러면 코피루왁이 만들어지는 과정을 더 자세히 살펴볼까요? 먼저 사향고양이가 뛰어난 후각을 이용해 맛있게 잘 익은 커피 열매를 골라 따 먹습니다. 커피 열매는 입부터 위, 장을 거쳐 소화되죠. 이 소화 과정 중에 사향고양이의 침과 위액 등이 섞여 커피 열매는 알맞게 발효되어 똥으로 나옵니다. 발효가 잘된 덕에 커피는 쓴맛이 줄고 더 풍부하고 진한 맛과 향을 내게 되죠. 사람들은 사향고양이의 똥을 거두어서 똥에 남아 있는 커피 원두만 골라내 깨끗이 씻어 햇빛에 말립니다. 다 말린 커피 원두는 속껍질을 벗겨 볶죠. 그러면 비로소 코피루왁이 탄생하게 된답니다.

우제목 솟과

일본산양

머리·몸 길이 105~114.5cm
어깨 높이 69~72cm
꼬리 길이 6~6.5cm
체중 33.4~40kg

저는 비탈에 앉아 쉬는 걸
제일 좋아한답니다.

▲ 일본산양은 아래쪽이 내려다보이는 비탈이나 바위, 잘린 나무 위에서 주로 휴식을 취합니다.

산양은 '환상의 동물'이라고 불렸을 만큼 모습을 잘 드러내지 않는 녀석이었습니다. 하지만 최근 일본에서는 주택지에서도 가끔 얼굴을 볼 수 있을 정도로 사람과 가까운 동물이 되었습니다. 주로 초식을 하며 나뭇잎이나 풀을 먹고, 먹을 것이 적은 겨울에는 나무껍질도 먹습니다.

산양은 사슴과 자주 비교되는 동물이지만 실은 솟(牛)과에 속한답니다. 뿔은 수컷뿐 아니라 암컷도 가지고 있는데, 사슴처럼 매년 뿔갈이를 하지는 않습니다. 또한 뿔 모양도 사슴과 달리 가지를 치지 않고 일자로 자라죠.

다 자란 산양은 단독으로 생활하며 암컷과 수컷이 각자 자신만의 영역을 가지는데요. 시기에 따라서는 새끼와 함께 혹은 암수 한 쌍으로 생활하기도 합니다.

이 책에서 소개할 일본산양은 일본 고유종입니다. 일본에서는 산양을 특별 천연 기념물로 지정하고 있습니다.

▲ 태어난 지 얼마 안 된 일본산양이에요. 뿔이 작고 귀엽습니다.

우리나라 산양과 일본산양은 외모는 많이 닮았지만, 분류학적으로 계통이 다릅니다. 그래서 습성이 많이 다른데요. 특히 영역을 표시하는 방법에 큰 차이가 있습니다. 먼저 우리나라 산양은 몸과 등을 나무에 비벼 그 체취와 털, 분비물들로 영역 표시를 하죠. 반면에 일본산양은 눈 밑에 분비샘이 있어서 얼굴을 나무에 문질러 영역을 표시합니다.

이 책에서는 일본산양에 대해 주로 다룰 것입니다. 다만 일본산양 외에 우리나라 산양이나 다른 계통의 산양과 관련된 공통 정보를 말할 때는 '산양'으로 통칭하여 부르고 있으니 주의하여 보세요.

▲ 주로 높은 산에 살지만, 지역에 따라서는 낮은 산이나 들판에서 살기도 합니다.

75

🐾 발자국

일본산양의 발자국은 사슴보다 더 굵직합니다. 땅이 무른 곳에 남은 발자국을 보면 발굽의 사이가 더 넓게 벌어져 있죠. 하지만 일본산양의 발자국은 필드 사인으로서 결정적인 실마리가 되지는 않기 때문에, 주변에서 다른 필드 사인을 확인한 뒤 종합적으로 추리해야 합니다.

▶ 눈 위에서 찾은 일본산양의 발자국이에요. 발굽 사이가 약간 벌어져 있고 부속 발굽 자국도 남아 있죠?

▲ 진흙 위에 남은 앞발과 뒷발의 발자국입니다. 발굽 사이가 벌어져 있네요.

▲ 눈 쌓인 숲길에 남은 일본산양의 보행 패턴입니다.

💩 똥

일본산양은 자신만의 영역 안에서 한곳을 골라 똥을 배설합니다. 일본산양이 배설한 자리를 보면 100개가 넘는 똥이 사방 30~40cm에 두둑하게 쌓여 있답니다.

▲ 휴식을 취하러 자주 가는 비탈에 똥을 무더기로 싸 놓았군요.

◀ 똥의 길이와 형태는 상황에 따라 매우 달라집니다. 가끔 작은 알갱이로 흩어져 있는 똥을 누는데, 사슴의 똥과 구별하기 힘들 때도 있습니다.

X 0.7

먹이 흔적

일본산양은 사슴과 마찬가지로 위턱에 앞니가 없습니다. 그래서 풀이나 작은 가지를 뜯어 먹은 흔적이 사슴의 먹이 흔적과 비슷하죠. 토끼같이 절치로 풀을 잘라 먹는 동물의 먹이 흔적과 달리 단면이 굉장히 지저분합니다.

▲ 조릿대*류의 풀을 먹은 흔적입니다. 싹둑 잘라 먹지 않고 뜯어 먹었기 때문에 일부분이 지저분하게 남아 있어요.

▲ 겨울에 잔디를 뜯어 먹은 흔적입니다. 뿌리 가까이까지 꼼꼼히도 먹었죠?

🔍 **조릿대**

볏과의 여러해살이 식물입니다. 1~2m 정도 자라며, 잎은 길고 가느다란 타원형입니다. 잎은 약으로 쓰이고 열매는 먹습니다. 우리나라에도 자라고 있습니다.

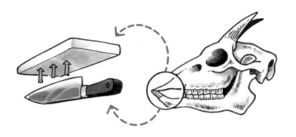
▲ 위턱의 딱딱한 잇몸을 도마로 사용하고, 아래턱의 앞니를 칼처럼 사용합니다.

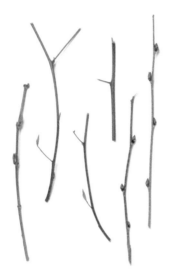
▲ 나무의 겨울눈을 먹은 흔적입니다.

▲ 풀을 뜯어 먹는 새끼 일본산양이에요.

🧴 영역 표시

일본산양은 눈 밑에 분비샘이 있습
니다. 여기서 나오는 분비액을 나
뭇가지나 나무 기둥에 묻혀 영역을
표시하죠. 분비물을 묻힐 때는 얼
굴을 나뭇가지에 비빈답니다.

▲ 사진에서 화살표가 가리킨 부분이 눈 밑 분비샘
입니다.

만약 발자국이나 똥을 보고도 일본산양인지 아닌지 확신이 서지 않는다면 주변에 있는 나무들의 냄새를 맡아 보세요. 보통 나무에서 나는 흙냄새나 목재 가구 냄새 외에, 뭔가 독특하고 자극적인 냄새가 섞여 난다면 여러분이 발견한 똥과 발자국은 일본산양의 것일 가능성이 높습니다.

▲ 작은 나뭇가지에 얼굴을 문지르며 영역을 표시하고 있는 일본산양입니다.

🎋 뿔 간 흔적

사진으로 보면 알 수 있듯이, 일본산양의 뿔은 사슴처럼 기다랗지 않습니다. 그래서 뿔을 간 흔적이 남는 위치도 사슴보다 낮은 곳이죠. 필드 워크 중에 나무껍질이 벗겨진 위치가 땅에서부터 어느 정도 되는지 재어 보세요. 만약 일본산양의 어깨 높이인 69~72cm 부근에

▲ 뿔을 간 흔적입니다. 나무껍질이 벗겨져 있는 것이 보이죠?

위치해 있다면 그건 일본산양의 뿔 간 흔적일 가능성이 높답니다.

> 더 알아봐요
>
> ### 📣 산양의 뿔을 보면 나이를 알 수 있다고요?
>
> 산양의 뿔에는 가로로 돋아난 힘줄이 있습니다. 이 힘줄의 수를 세어 보면 산양의 나이를 알 수 있다는 소문이 있었는데요. 이 말을 듣고 실제로 그 힘줄을 세어 본 사람들도 있었다고 합니다.
>
> 그러나 산양의 뿔에 새겨져 있는 힘줄은 새끼 때부터 있었던 것입니다. 실제로 새끼 산양의 뿔을 보면 5~6개의 힘줄이 있고요. 자라나면서 더 생겨납니다. 그러니까 '산양의 뿔에 나 있는 힘줄을 세면 나이를 알 수 있다'는 소문은 말이 안 되는 것이겠죠?

첨서목 두더짓과

두더지사촌

머리·몸 길이 89~104mm
꼬리 길이 27~38mm
체중 14.5~25.5g

④③②
⑤   ①

X 1.0

▲ 오른쪽 앞발이에
요. 너비가 약간
넓은 편입니다.

④③②
⑤   ①

X 1.0

▲ 오른쪽 뒷발입니다. 앞발과
마찬가지로 5개의 발가락이
있고요. 발톱이 길게 자라 있
습니다. 뒷발의 길이는 대략
1.4~1.6cm 정도입니다.

저 어때요?
참 재미있게 생겼죠?

▲ 두더지사촌은 코끝이 뾰족하며 귓바퀴는 없고 눈이 작습니다. 꼬리는 굵고 짧으며 브러시 모양으로 털이 자라납니다.

두더지사촌은 주로 야산의 수풀이나 숲에 서식하며, 반지하 생활을
하는 작은 두더지입니다. 땅속 생활을 두더지만큼 잘하지는 못하고
요. 낙엽이 떨어져 있는 얕은 땅속에서 생활합니다. 곤충, 지네, 거미,
지렁이, 열매나 씨앗을 먹고 삽니다. 두더지사촌은 일본의 고유종이
랍니다.

⛏ 땅굴

땅에 약간 파묻힌 채 쓰러져 있는 나무 아래를 유심히 보면, 구불구
불한 두더지사촌의 땅굴이 보입니다. 폭은 3cm 정도이고요. 쓰러져

▲ 넘어져 있는 나무 아래로 두더
지사촌의 땅굴이 나 있네요.

있는 나무와 땅굴 윗부분이 맞닿아 있습니다. 만약 찾기 어렵다면 낙엽이 쌓여 있는 숲의 바닥을 이리저리 들추어 보세요. 그러면 두더지사촌의 땅굴을 찾을 수 있을 거예요.

▲ 낙엽 바로 아래에서 찾은 두더지사촌의 땅굴이에요(화살표).

💩 똥

두더지사촌의 똥은 양끝이 좁아지는 막대 모양입니다. 약간 구부러진 바나나 같죠. 하지만 두더지사촌의 똥이 어떻게 생겼는지 알아도, 발견하기는 매우 힘들답니다. 주로 땅굴 안에서 볼일을 보기 때문이죠.

X1.0

▲ 똥의 굵기는 1.5mm에서 2mm 사이입니다.

🍲 사체

두더지사촌의 똥과 먹이 흔적, 발자국은 잘 발견할 수 없지만 대신 사체*를 볼 기회는 꽤 있습니다. 두더지사촌이 속한 땃쥐목 동물들은 항상 몸에 독특한 냄새가 나기 때문에, 육식 동물들이 사냥을 해 놓고도 먹지 않고 버리고 가는 경우가 많거든요.

▲ 숲길에 놓여 있는 두더지사촌의 사체입니다.

> 더 알아봐요

📢 까다로운 두더지사촌을 관찰하는 법

두더지사촌은 야생 동물 중에 관찰하기 어렵기로 단연 으뜸인 녀석이에요. 그래서 일본의 동물 연구가 이마이즈미 요시하루 선생님이 꾀를 내었습니다. 숲의 바닥에 두터운 유리판을 놓아두는 매우 단순한 방법인데요. 사진에서 보이는 방법으

로 유리판을 얼마 동안 놓아두면, 두더지사촌이 유리 안에서 땅굴을 파는 모습을 관찰할 수 있습니다.

🔍 **사체(死體)**

사람이나 동물의 죽은 몸을 말해요. 같은 의미의 단어로는 '시체, 송장'이 있습니다.

81

첨서목 땃쥣과

일본갯첨서

머리·몸 길이 11.2~13.7cm
꼬리 길이 8.4~10.8cm
체중 27.8~55.3g

▼ 발가락 가장자리에 2mm 정도 길이로 빳빳하고 억센 털이 자라 있어, 물갈퀴 역할을 합니다.

눈은 작지만 긴 수염이 감각 기관 역할을 대신해서 먹잇감을 찾는 데는 문제가 없어요!

▲ 길고 튼튼한 꼬리는 방향을 조절하는 운전대이자, 물살이 거칠 때 바위에 대고 몸을 지탱하는 닻의 역할을 하고 있습니다.

일본갯첨서는 여울이나 시냇물이 있는 산지에서 삽니다. 특히 물의 흐름이 느린 편인 산기슭이나 강 상류에서 자주 볼 수 있죠. 우리나라 갯첨서는 일본갯첨서와 속이 다릅니다.

일본갯첨서는 본래 밤에 활발하게 활동합니다. 그러나 한낮, 깊은 강에서 은색 털을 뽐내며 유유히 헤엄치는 것을 볼 수도 있습니다.

육식을 하며 어류나 물속에 사는 곤충, 가재 등의 갑각류를 먹고 삽니다. 주로 물속에서 먹이를 잡아먹다 보니, 가끔

▼ 오른쪽 앞발입니다. 일본갯첨서는 앞발과 뒷발 모두 5개의 발가락을 가졌습니다.

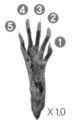

X 1.0   X 1.0

▲ 오른쪽 뒷발입니다. 뒷발 길이는 2.4~2.8cm 정도입니다.

82

도롱뇽을 잡기 위해 쳐 둔 그물에 걸릴 때도 있다고 하네요.

💩 똥

일본갯첨서의 똥은 냇가 주위의 평평한 바위에서 발견할 수 있습니다. 일본갯첨서가 자주 똥을 누러 오는 바위에는 군데군데 까만 부분이 있으니까, 이 점을 염두에 두면 더 쉽게 찾을 수 있을 거예요.

▲ 이끼가 껴 있는 바위들이 보이죠? 일본갯첨서는 이곳에서 똥을 눕니다.

X 0.7

◀ 일본갯첨서의 똥은 구불구불하게 찌그러진 막대 모양입니다. 크기는 0.5cm에서 2cm 정도입니다.

사실 냇가 주변 바위는 족제비도 좋아하는 배설 장소입니다. 게다가 일본갯첨서와 족제비의 똥이 비슷하게 생겨서 헷갈릴 때도 있죠. 그때는 망설이지 말고 똥 냄새를 맡아 봐야 합니다. 일본갯첨서의 똥에서는 매우 자극적이고 역한 냄새가 나거든요.

더 알아봐요

📢 물갈퀴가 없는 수영의 달인?

일본갯첨서는 물갈퀴도 없이 어떻게 헤엄을 잘 치는 것일까요? 그것은 발가락마다 굳세고 뻣뻣한 털, 일명 '강모(剛毛)'가 나 있기 때문입니다. 플라스틱같이 단단한 강모는 물살에 밀리지 않게 해주며, 땅 위에서도 미끄러지지 않게 도와줍니다. 물갈퀴가 없어도 헤엄을 잘 치는 동물로는 논병아리와 큰물닭도 들 수 있는데요. 이 녀석들은 발가락 옆에 난 '판족'이라는 막으로 물갈퀴를 대신합니다.

▲ 이것이 바로 논병아리의 판족입니다.

83

박쥐목 과일박쥐과

과일박쥐

머리·몸 길이 19~25cm
꼬리 길이 12~14.5cm
체중 320~660g

걱정 마세요.
나무에 거꾸로 매달려 있어도
절대 떨어지지 않으니까요.

▲ 과일박쥐의 한 아종인 류큐과일박쥐예요. 초음파를 사용하지는 못하지만, 대신 눈이 커서 밤에도 잘 활동할 수 있습니다.

과일박쥐는 그 이름에 맞게 과일이나 꽃의 꿀, 꽃가루, 이파리 등을 먹고 삽니다. 과일을 먹을 때는 통째로 먹었다가, 과즙만 먹고 껍질은 뱉어 버리죠. 과일박쥐는 한 번 점찍은 먹이 터는 절대 뺏기지 않으려는 습성이 있는데요. 이 습성이 생태계 보존에 큰 역할을 합니다. 어떻게 그럴 수 있는지 살펴볼까요?

먼저 한 먹이 터를 두고 원래 있던 녀석과 다른 곳에서 온 녀석이 다툼을 벌입니다. 그러다 원래 주인

내 거야!

🔍 **류큐(琉球)**
1429년 현재 일본의 오키나와 현에 건국되었던 왕국의 이름입니다. 원래 일본에 속해 있지 않은 독립된 국가였으나, 1879년 일본에 합병되었습니다.

이었던 과일박쥐가 지면, 이 녀석은 하는 수 없이 다른 곳으로 이사를 갑니다. 이때 그 과일박쥐 몸에 묻어 있던 꽃가루나 뱃속이 들어 있던 열매 씨앗도 다른 지역으로 옮겨 가게 됩니다. 결국 영역 다툼을 하며 과일박쥐가 들어오고 나가는 과정에서 꽃가루, 씨앗 등이 과일박쥐의 몸을 통해 운반되는 것이죠.

▲ 밤하늘을 비상하는 오키나와과일박쥐입니다. 날고 있을 때는 크기가 해오라기만 하다고 합니다.

과일박쥐과에 속하는 일본의 류큐과일박쥐에 대해서 한번 알아볼까요? 류큐*과일박쥐는 일본 오키나와 현(沖繩懸)에 살고 있습니다. 대만고무나무, 용나무*, 일본망고스틴 등의 열매를 즐겨 먹죠. 그래서 류큐과일박쥐의 보금자리 나무 아래에서는 똥과 먹이 흔적을 볼 수 있습니다. 류큐과일박쥐는 일본에 4아종이 분포하는데요. 구치노에라부 섬(口永良部島)과 도카라 열도(吐噶喇列島)의 천연 기념물 에라부과일박쥐, 오키나와 섬(沖繩島)의 오키나와과일박쥐, 다이토 열도(大東列島)의 천연 기념물 다이토과일박쥐, 야에야마 제도(八重山諸島)와 미야코 제도(宮古諸島)의 야에야마과일박쥐입니다.

🔍 **용나무**

용나무는 자라는 과정이 특이합니다. 원래 나무는 땅에서부터 줄기가 올라가죠. 그러나 용나무는 다른 나무의 가지 위에서 씨를 발아시켜 아래로 줄기를 내립니다. 어떻게 그럴 수 있냐고요? 용나무의 씨를 먹은 새가 싼 똥 덕분이죠. 그 똥 속에 있던 용나무 씨가 다른 나무 가지 위에서 무럭무럭 자라는 것입니다. 나중에는 용나무가 자신이 뿌리를 내린 나무를 다 감싸 버리는데요. 이 때문에 밑에 있던 나무는 광합성을 못 해 죽는답니다.

💩 똥

류큐과일박쥐는 주로 묽은 음식을 먹기 때문에 똥도 액체에 가깝고 부드럽습니다. 먹이에 따라 똥의 색이 달라지고요. 내용물에는 작은 씨가 섞여 있는 경우가 많습니다.

▲ 도로 위에 떨어져 있는 류큐과일박쥐의 똥입니다. 물기가 많죠?

85

대만청설모

머리·몸 길이 20~26cm
꼬리 길이 17~20cm
체중 309~435g

저는 대만에서
왔답니다.

▲ 대만청설모가 단풍나무의 새싹을 먹고 있네요.

▲ 일 년 내내 검은색과 황토
색을 띠며, 털끝이 서리가
내린 듯 희끗희끗합니다.
뒷발 길이는 45~54mm
입니다.

대만청설모는 미얀마, 말레이 반도, 타이완 원산의 귀화종입니다. 원
래 사육되던 것이 도망치거나 버려져, 일본 여러 지역에서 야생화했
습니다. 열매와 꽃, 이파리, 나무껍질 등을 먹고 삽니다.

🐟 먹이 흔적

대만청설모가 자주 나타나는 절 안을 돌아다니다 보면 새우튀김 모
양으로 버려져 있는 솔방울이나 뿌리가 갉힌 동백나무의 꽃, 나무껍
질이 떨어져 나간 느티나무 등을 볼 수 있습니다. 이들은 모두 대만

청설모의 먹이 흔적이죠. 운이 좋으면
단풍나무의 새싹을 먹는 대만청설모를
실제로 볼 수도 있습니다.

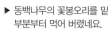
▶ 동백나무의 꽃봉오리를 밑
부분부터 먹어 버렸네요.

▲ 솔방울을 먹고 남긴 찌꺼기입니다.
청설모나 일본큰날다람쥐만큼 깨끗
이 먹지는 않았군요.

🏠 보금자리

절 안에 있는 나무를 가만히 올려다보고 있으면, 가느
다란 나뭇가지를 모아 만든 둥지를 볼 수 있습니다. 대
만청설모는 이런 나무 위의 둥지에서 번식을 합니다.
또 나무 구멍에 보금자리를 틀기도 하죠. 때로는 일
반 가정집의 천장 안쪽에 둥지를 꾸리기도 하는데
요. 워낙 말썽꾸러기인 녀석이라 빨래를 더럽히거
나 전선을 끊어 버리는 등 갖가지 사고를 친답니다.

▲ 나무 구멍에서 나오는 대만청설모예요.

> 더 알아봐요

📢 사람을 두려워하지 않는, 나는야 대만청설모!

관광객이 많이 찾아오는 절에는 대만청설모가 자주 나타난다고 합니다. 게다가 넉살 좋
게 사람에게 다가와 애교를 부리기도 하죠. 그게 귀여워 사람들이 자꾸 먹이를 줘서, 최
근에는 관광객들에게 먹이를 주지 말라는 안내문을 단 절도 많다고 해요. 아무튼, 사람에
게 잘 다가오는 만큼 대만청설모를 실제로 만날 가능성도 높습니다.

그런데 요새는 대만청설모의 수가 늘어나면서 사람이 피해를 보는 경우도
생겨났다고 하는데요. 전선이나 전화선을 끊거나 빨랫감을 더럽히는
것들이죠. 나무껍질을 하도 벗겨 내는 바람에 나무가 말라죽는
피해도 더러 있다고 하네요.

▲ 가느다란 나뭇가지를 모아
둥지를 만들었군요.

일본하늘다람쥐

머리·몸 길이 13.9~20cm
꼬리 길이 9.5~14cm
체중 150~220g

지금은 접어 두었지만,
제 옆구리에는
저만의 날개가 있답니다.

▲ 큰 눈이 얼굴 옆쪽에 있고, 꼬리는 편평합니다.

하늘다람쥐는 날아다닐 수 있는 야행성 다람쥐입니다. 발목에 있는 연골부터 이어진 비막이 하늘다람쥐의 비행을 가능하게 도와주지요. 비막(飛膜)이란 새가 아니지만 날아다닐 수 있는 척추동물들에게 있는 얇은 막입니다. 주로 앞다리-몸통-뒷다리에 걸쳐 붙어 있죠. 박쥐류, 하늘다람쥐류에게 있습니다.

기본적으로는 야행성이지만 산지에서는 낮에 활동하는 모습도 종종 볼 수 있어요. 낮은 산에 위치한 신

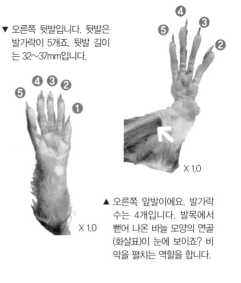

▼ 오른쪽 뒷발입니다. 뒷발은 발가락이 5개죠. 뒷발 길이는 32~37mm입니다.

X 1.0

▲ 오른쪽 앞발이에요. 발가락 수는 4개입니다. 발목에서 뻗어 나온 바늘 모양의 연골(화살표)이 눈에 보이죠? 비막을 펼치는 역할을 합니다.

X 1.0

88

사나 절에서 큰날다람쥐나 하늘다람쥐가 같이 살아가는 경우도 있습니다.

2장에서는 일본에 사는 하늘다람쥐를 살펴볼 것입니다. 우리나라에 사는 하늘다람쥐에 대해 알고 싶다면 4장을 보면 됩니다.

🍩 똥

일본하늘다람쥐는 둥글거나 원기둥 모양의 똥을 배설합니다. 똥 한 덩어리의 크기는 기껏해야 8mm 정도 되기 때문에 쉽게 찾기는 어려워요. 하지만 보금자리 가까이에서 딱딱해진 상태로 발견되기도 합니다.

X 1.0

▲ 사육된 일본하늘다람쥐의 똥입니다.

🏠 보금자리

▲ 삼나무에 있는 나무 구멍에 보금자리를 틀었네요.

일본하늘다람쥐는 나무 구멍에 이끼나 나무껍질을 가져와 보금자리를 틉니다. 때로는 작은 가지 등을 모아서 나뭇가지나 나무 밑동에 둥지를 만들기도 합니다. 산막*의 천장 뒤쪽, 문의 겉창을 밀어 두는 곳, 사람이 만들어 둔 인조 새 둥지를 이용하는 경우도 있습니다.

보금자리를 자주 드나드는 습성이 있기 때문에 출입구 부근은 껍질이 자잘하게 일어나 있습니다.

🔍 **산막(山幕)**

사냥꾼이나 숯쟁이, 약초를 캐는 사람들이 일을 하는 중에 쉴 수 있도록 산속에 간단히 지어 둔 집입니다. 넓게는 산에 있는 숙박 시설을 통틀어 이르기도 하죠.

설치목 청설모과

일본큰날다람쥐

머리·몸 길이 27.2~48.5cm
꼬리 길이 28~41.4cm
체중 495~1250g

저는 초식 동물 치고는 으물게, 눈이 얼굴 정면에 있답니다.

▲ 기다란 꼬리는 날아다닐 때 균형을 잡는 역할을 합니다. 꼬리 끝에는 뼈마디가 있어 앞뒤로 젖혀집니다. 비 오는 날에는 앞으로 내려뜨려서 우산처럼 덮는답니다.

밤이면 네 다리를 쫙 펴고 하늘을 날아다니는 일본큰날다람쥐를 소개할 차례군요. 나무 위에서 자유자재로 생활하며 주로 숲에 서식합니다. 필드 사인을 찾으려면 신사나 절로 가 보는 걸 추천합니다.

일 년 내내 다양한 종류의 나뭇잎과 겨울눈, 열매, 꽃, 꽃봉오리 등을 먹습니다. 드물게는 곤충류를 먹기도 하죠.

일본큰날다람쥐가 막을 펴고 비상하는 거리는 도약

▼ 어린 일본큰날다람쥐의 오른쪽 앞발입니다. 앞발의 발가락 수는 4개입니다.

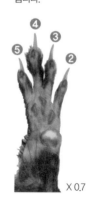

X 0.7

X 0.7

▲ 오른쪽 뒷발입니다. 뒷발 발가락은 5개예요. 앞발과 뒷발 모두 갈고리발톱이 있어서 나무에 매달리는 데 도움이 됩니다. 뒷발 길이는 대략 5~7.3cm입니다.

한 높이의 약 2배 정도 됩니다. 구마가이 선생님이 관찰했던 녀석은 무려 200m나 날아갔다고 하네요.

사는 곳의 환경

주로 큰 나무가 자란 산속이나 강변 숲에 서식합니다. 필드 사인을 탐색하기 쉬운 곳을 추천하자면 우거진 숲, 가까운 마을의 신사나 절입니다.

신사나 절에는 신목이라고 불리는 신을 모신 나무가 있는데요. 이 나무는 굉장히 커서 일본큰날다람쥐가 보금자리로 삼기 좋은 나무 구멍이 있습니다. 이곳을 보금자리로 삼고 가까운 산을 왕래하면서 생활하죠. 다만 먹이를 구하러 갈 산이 없는 곳에서는 서식하지 않으니 잘 알아보고 필드 워크를 나가도록 하세요.

똥

일본큰날다람쥐의 똥은 나무 밑에서 발견할 수 있습니다. 개 사료같이 둥근 모양입니다. 똥을 쪼개 보면 식물 섬유가 들어 있는 것이 대부분이죠. 막 눈 똥은 습기가 있고 냄새가 나지만, 시간이 지나 건조되면 차 향기가 난답니다.

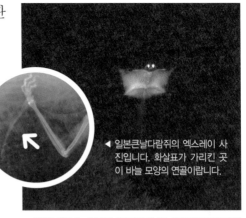

◀ 일본큰날다람쥐의 엑스레이 사진입니다. 화살표가 가리킨 곳이 바늘 모양의 연골이랍니다.

▲ 밤하늘을 나는 일본큰날다람쥐입니다. 앞발의 발목부터 뻗어 있는 바늘 모양의 연골을 이용하여 비막을 넓게 펼치죠. 이 바늘 모양의 연골은 날아다니는 중에 바람을 맞아 추락하는 것을 막고 방향 전환을 하는 역할을 합니다.

▲ 뒤쪽에 산이 있는 곳에 자리한 절입니다. 도시의 길거리와 접해 있더라도 먹이 터와 휴식처가 갖춰져 있으면 일본큰날다람쥐는 보금자리를 튼답니다.

▲ 이른 봄에 발견한 일본큰날다람쥐의 들러붙은 똥입니다.

▲ 나무 밑에서 발견한 똥입니다. 둥근 똥이 어질러져 있네요.

이른 봄에는 수분을 담뿍 머금고 있는 잎을 먹기 때문에 똥에도 수분이 많고 여러 개가 들러붙은 상태가 됩니다. 만약 나무 밑에서 배설된 지 얼마 안 된 똥을 발견했다면 그 전날 저녁에 일본큰날다람쥐가 다녀갔다고 보면 됩니다. 그럼 그 나무에 구멍이 있는지 꼭 살펴보세요. 보금자리로 사용하고 있을지 모르거든요.

X 0.7

▶ 일본큰날다람쥐의 똥입니다.

🏠 보금자리

주로 큰 나무에 생긴 나무 구멍(출입구 지름이 약 8cm 정도 되는 것)을 보금자리로 삼습니다. 일본큰날다람쥐가 드나들 만한 구멍이 있는 나무를 발견하면 그 아래에서 똥을 찾아보세요. 만약 똥을 발견한다면 그다음에는 나무 구멍이 거미줄 없이 깨끗한지 나무 구멍 주위가 잘게 갈라져 있거나 나무껍질이 벗겨져 있는지를 확인해 보세요. 이 사항들에 모두 해당되는 나무 구멍은 분명 일본큰날다람쥐가 사용 중인 보금자리일 것입니다. 일본큰날다람쥐는 스스로 나무 구멍을

▲ 산벚나무

▲ 삼나무

▲ 느티나무

▲ 일본큰날다람쥐는 다양한 나무의 구멍을 이용하는데요. 구멍은 서북쪽을 향하고 있는 경우가 많습니다. 해가 뜨는 동남쪽을 향한 나무 구멍일 경우, 야행성인 일본큰날다람쥐가 둥지로 돌아가 휴식을 취할 때 눈이 부실 수 있기 때문입니다.

🔍 **목재부후균(木材腐朽菌)**
나무를 분해하는 버섯을 일컫는 말로, 대표적으로 구멍장이버섯과(科)나 표고버섯 등이 있습니다.

만드는 것이 아니라, 목재부후균*에 의해 썩어서 생긴 나무 구멍이나 딱따구리가 뚫어 놓은 나무 구멍을 넓힌 뒤 이용합니다. 나무 구멍이 없는 환경에서는 새들처럼 그릇 모양의 둥지를 만들기도 하고요.

　일본큰날다람쥐는 한 마리가 대여섯 군데의 나무 구멍에 보금자리를 틀어 놓으며 정기적으로 돌아다니면서 유지하고 관리합니다. 그렇게 계속 관리된 것들은 나무 구멍을 보금자리로 이용하는 다른 동물에게 인기가 많습니다. 일본큰날다람쥐가 버리고 간 빈 나무 구멍은 파랑새나 솔부엉이, 담비, 사향고양이 등이 이용합니다. 일본큰날다람쥐가 숲의 건축업자가 되는 셈이죠.

▲ 삼나무에 생긴 나무 구멍을 넓혀 보금자리로 이용한 흔적(화살표)입니다.

일본큰날다람쥐가 이용하는 나무 구멍 근처에는 나무껍질이 벗겨진 삼나무나 느티나무가 있습니다. 보금자리를 꾸밀 때 나무껍질을 벗겨 왔기 때문인데요. 이것도 일본큰날다람쥐의 필드 사인 중 하나입니다. 한 나무를 3대가 사용한 경우도 있답니다.

▲ 삼나무 나무 구멍에서는 가끔 일본큰날다람쥐가 얼굴을 내밀기도 합니다.

▲나무 구멍 안에는 나무껍질을 모아 깔아 둡니다.

▲ 보금자리에 깔기 위해 삼나무 껍질을 벗겼네요. 아래에서부터 껍질을 벗겨 윗부분(화살표)에서 이빨로 끊은 뒤 입에 물고 가져갑니다.

🔍 **종루(鐘樓)**
종을 달아 놓는 누각입니다.

▲ 폐교에 무수히 뚫려 있는 둥지 구멍들입니다.

▲ 종루* 에 보금자리를 튼 일본큰날다람쥐입니다.

▲작은 새들의 인조 둥지를 빌려 쓰고 있는 일본큰날다람쥐입니다.

🐟 먹이 흔적

절이나 신사에 있는 나무 밑에서는 나뭇잎과 나뭇가지, 열매 등이 흩어져 있는 걸 발견할 수 있습니다. 이것은 일본큰날다람쥐의 먹이 흔적일 가능성이 큽니다. 일본큰날다람쥐는 심한 편식쟁이입니다. 벗나무 씨면 벚나무 씨만, 솔방울이면 솔방울만 먹습니다. 어떨 때는 일주일 동안 한 종류의 씨앗만 먹기도 하죠. 일본큰날다람쥐의 식사 활동은 가지치기 효과도 있는데요. 나무 하나에 일본큰날다람쥐 두 마리가 와서 일주일만 머물러도, 그 나무의 모든 가지가 일본큰날다 람쥐의 손을 한 번씩 거쳐 솎아지기 때문이랍니다.

일본큰날다람쥐가 먹은 나뭇잎에는 V자형 혹은 한가운데에 구멍이 뚫린 먹이 흔적이 남습니다. 이것은 잎을 둘이나 넷으로 접은 뒤 잘라 먹었기 때문입니다. 솔방울의 경우에는 청설모의 새우튀김 모양(p.192 참고)과 비슷한데요. 다만 청설모는 벗겨 먹은 솔방울과 껍질 조각이 한데 모아져 발견되는 것과 달리, 일본큰날다람쥐는 나무 위에서 먹고 찌꺼기는 아래로 버려서 솔방울과 껍질 조각이 여기저기 흩어져 있는 점이 다르답니다.

▲ 절로 들어가는 길목에 흩어져 있는 일본큰날다람 쥐의 솔방울 흔적입니다. 광범위하게 흩어져 있는 것이 특징입니다.

▲ 왕벚나무의 꽃봉오리를 먹은 흔적이에요. 당연히 봄에 먹은 것이겠죠?

졸참나무

참나뭇과의 활엽수입니다. 5
월에 꽃이 피고 도토리는 9월
에 익습니다. 졸참나무의 도토
리는 사람도 즐겨 먹는답니다.
우리나라, 일본, 중국 등지에
서 자라고 있습니다.

▲ 길에 떨어져 있던 감이에요. 한 입 두 입 갉아 먹
은 흔적이 있네요. 늦가을에 발견했답니다.

▲ 졸참나무*의 어린 도토리를 먹은 흔적입니다. 도토
리는 봄에 태어난 새끼의 이유식이 됩니다.

▼ 나뭇잎의 먹이 흔적들입니다. 좌우대칭이 되는
것이 특징이죠. 붉게 물든 잎도 먹습니다.

▲ 단풍나무 열매를 갉아 쪼개 먹은 흔
적을 모아 봤어요.

▲ 일본큰날다람쥐가 갉아 먹은 느티나무 가지
입니다. 이빨로 가지를 갉아서 자른답니다.

▲ 이빨 자국이 남은 종가시나무*의 도토리입니다. 초겨울에 찾은 것이에요.

▲ 일본큰날다람쥐의 먹이 흔적을 찾으려면 가지가 드리워진 절의 길목이나 배수로 근처를 보면 됩니다.

▲ 삼나무 열매를 먹은 흔적입니다.

▲ 일본큰날다람쥐가 솔방울을 먹은 흔적입니다. 청설모와 비교하면 조금 더 지저분한 인상을 주죠. 청설모 것이 새우튀김 모양이라면 일본큰날다람쥐 것은 파인애플 같다고 할까요?

▲ 가시나무의 겨울눈을 먹고 갔네요. 깨끗하게 겨울눈만을 갉아 먹었습니다.

🔍 **종가시나무**

참나뭇과의 활엽수로 사시사철 푸른 상록수입니다. 4~5월에 꽃이 피고 열매는 10월에 익습니다. 목재는 그릇이나 숯을 만드는 데 쓰고 열매는 먹죠. 우리나라의 제주도, 일본, 대만, 중국, 히말라야 등지에 분포해 있습니다.

97

일본밭쥐

머리·몸 길이 9.5~13.6cm
꼬리 길이 2.9~5cm
체중 22~62g

▲ 얼굴을 보면 귀가 작고, 코도 짧으며 얼굴형이 둥글어서 매우 귀엽습니다.

일본에 놀러 오면 절 찾아보세요. 논밭이나 들판에 꽁꽁 숨어 있을 테니까요.

▲ 몸통이 작고 땅딸막하며 꼬리가 짧습니다.

일본밭쥐는 일본에만 사는 들쥐입니다. 체형이 땅딸막하죠. 각종 초본과 채소의 뿌리, 줄기 등을 먹고 삽니다. 이름은 '밭쥐'이지만, 경작지뿐만 아니라 초지, 초원, 하천 바닥 등이 주된 서식입니다. 그러나 산꼭대기에 자라는 누운잣나무 근처에서도 발견되는 등 아직 알려지지 않은 부분도 많습니다.

▼ 오른쪽 앞발입니다. 앞발의 발가락 수는 4개입니다.

X 1.0

X 1.0

▲ 오른쪽 뒷발이에요. 발가락 수는 5개입니다. 뒷발 길이는 1.7cm부터 2cm 사이입니다.

🐛 사는 곳의 환경

강아지풀이나 바랭이* 등 볏과 식물이 많은 풀밭에서 일본밭쥐의 필드 사인을 볼 수 있습니다. 풀은 헤집으면 땅바닥이 보일 정도의 길이죠. 먹을 것이 없는 맨땅이나 참억새, 칡이 덮인 곳에는 살지 않습니다. 가장 좋아하는 서식지는 주변에 논이 있는 곳이랍니다.

▲ 일본밭쥐가 좋아하는 풀밭이에요.

🐀 지나다니는 길

▲ 들판에 남은 일본밭쥐가 지나다닌 길입니다. 넘어진 풀이 딴딴하게 밟혀 있죠.

일본밭쥐의 필드 사인 가운데 가장 눈에 띄는 것은, 풀밭에 남은 일본밭쥐가 지나다닌 흔적입니다.

　일본밭쥐는 땅굴에서 나오면 항상 정해진 길을 따라 이동하면서 먹이를 먹는데요. 이 길이 계속 밟히고 다져지면서 일본밭쥐만의 전용 통로가 됩니다. 일본밭쥐가 살고 있는 풀밭을 헤집으며 속을 들여다보듯 관찰하면 쉽게 발견할 수 있을 것입니다.

🔍 **바랭이**

바랭이는 그늘진 곳에서 자라는 볏과 풀입니다. 40~70cm까지 자라죠. 여름에 꽃이 피고 가을에 열매가 익습니다.

▲ 한곳에 많은 똥이 쌓여 있는 경우도 있습니다.

💩 똥

일본밭쥐가 지나다닌 길을 발견하면 얼굴을 바짝 들이밀고 자세히 관찰해 보세요. 작고 가늘며 긴 일본밭쥐의 똥이 점점이 떨어져 있을 거예요. 갓 눈 똥일수록 초록색을 띠며 반들반들거립니다.

X 1.0

▲ 일본밭쥐의 똥은 약 2mm 정도의 굵기에 길이는 5~7mm입니다. 식물의 섬유가 많이 남아 있습니다.

🐟 먹이 흔적

일본밭쥐가 지나다닌 길에는 끊어진 초본의 줄기와 잎이 떨어져 있습니다. 양끝이 비스듬히 싹둑 잘라져 있죠. 논에서는 일본밭쥐가 갉아 먹은 감자, 상추나 양배추의 뿌리줄기*를 발견할 수 있습니다.

▲ 자주개자리 먹이 흔적(왼쪽)과 바랭이 먹이 흔적(오른쪽)입니다. 둘 다 잘린 부분이 칼로 벤 것 같죠?

🔍 뿌리줄기
수평으로 자라는 땅속줄기의 한 형태입니다. 대부분 땅속으로 뻗어 자라나지만 드물게 땅위에 뿌리와 줄기, 잎을 내기도 합니다. 그냥 보기에는 뿌리처럼 보일 거예요. 연꽃, 둥굴레, 대나무, 고사리 따위에서 볼 수 있습니다.

🔍 자주개자리
콩과의 여러해살이풀입니다. 7~8월에 자줏빛 꽃이 피고 주로 사료용으로 재배되지요. 우리나라에는 강원, 경기, 경북, 함경, 황해 등지에서 자라고 있습니다.

▲ 자주개자리*의 잘린 흔적입니다.

▲ 일본밭쥐가 감자를 갉아 먹고 갔네요.

🏠 보금자리

일본밭쥐가 지나간 길을 조심히 따라가다 보면, 폭이 3~5cm 정도 되는 구멍을 보게 됩니다. 이것은 일본밭쥐의 안락한 보금자리인 땅 굴입니다. 근처에 똥이 떨어져 있거나 구멍 안쪽으로 풀이 빨려 들어가 있으면, 틀림없이 그 안에 일본밭쥐가 숨어 있답니다.

▲ 지하 땅굴의 출입구로 풀이 빨려 들어가 있네요.

▲ 눈이 녹은 후의 논이나 풀밭에 나타나는 땅굴 흔적입니다. 일본밭쥐와 같은 들쥐류 외에도 두더지가 뚫은 것일 가능성도 있으니 다른 필드 사인도 함께 찾아봐야 합니다.

🐾 발자국

사실 쥐류의 동물들 발자국은 필드 사인으로서 그리 좋은 자료는 아닙니다. 일본밭쥐의 발자국 역시, 발자국만 보고서는 주인을 알아채기가 어렵습니다. 따라서 주변에 먹이 흔적이나 똥이 있는지를 확인하여 모든 필드 사인을 종합적으로 탐색해야 합니다.

▶ 일본밭쥐의 발자국이 많이 발견되는 곳 주변에는 여우와 같이 쥐를 먹고 사는 동물들도 서식하고 있답니다.

▲ 눈 위에 남은 쥐류의 발자국과 땅굴 출입구입니다. 그러나 일본밭쥐의 것인지 확실하지는 않아요.

작은흰배숲쥐

머리·몸 길이 6.5~10cm
꼬리 길이 7~11cm
체중 10~20g

이 산 전체가 전부 제 무대랍니다.

▲ 기다란 꼬리는 나무 위에서 균형을 잡는 역할을 합니다.

작은흰배숲쥐는 산 전체를 제 집처럼 돌아다닙니다. 나무를 아주 잘 타기 때문에 가능한 일이죠. 식물의 씨나 열매, 곤충 등을 먹고 삽니다.

흰넓적다리붉은쥐와 매우 비슷하게 생겼지만, 작은흰배숲쥐가 더 붉은편이며, 꼬리는 더 길고 눈은 더 작답니다. 그러나 두 녀석을 정확하게 구분하려면 머리뼈의 형태를 확인할 필요가 있습니다. 아니면 똥의 크기로 비교할 수 있는데요. 작은흰배숲쥐의 똥이 더 작은 편입니다.

▼ 오른쪽 앞발입니다. 4개의 발가락을 가지고 있네요.

X 1.0

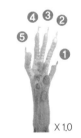

X 1.0

▲ 오른쪽 뒷발입니다. 뒷발의 발가락 수는 5개이고, 길이는 1.7~2.1cm로 흰넓적다리붉은쥐보다 작은 편입니다.

🏠 보금자리

흰넓적다리붉은쥐가 주로 땅과 가까운 곳에 보금자리를 트는 것과 달리, 작은흰배숲쥐는 나무줄기나 가지 위에 보금자리를 틀고 숲 전체를 무대로 생활합니다. 보금자리는 땅속에 만드는 경우가 많지만, 사람들이 나무 위에 걸어둔 인조 둥지를 이용하기도 합니다.

▲ 작은흰배숲쥐가 겨울에 이용한 인조 둥지입니다. 열어 보니 낙엽이 빽빽이 들어차 있네요.

▲ 나무 구멍에 낙엽을 가져다 보금자리를 꾸민답니다.

💬 더 알아봐요

📢 먹이를 저장해 두었을 뿐인데…

흰넓적다리붉은쥐와 작은흰배숲쥐는 가을이 되면 풍성하게 열린 도토리를 포식합니다. 그때 다 먹지 못한 것은 땅에 묻어 두는 습성이 있죠. 흰넓적다리붉은쥐가 도토리를 운반하는 거리는 보통 20~30m, 때로는 50m 이상이나 된다고 알려져 있습니다.

▲ 도토리를 저장하러 가고 있어요.

저장한 도토리는 나중에 다시 먹는데요. 가끔 몇 개는 묻어 두고 잊어버리기도 한답니다. 그러면 땅에 묻어 둔 도토리 중에 상태가 좋은 것들이 싹을 틔우고 자라게 되죠. 그냥 먹이를 저장해 두고 잊은 것뿐인데, 흰넓적다리붉은쥐와 작은흰배숲쥐는 자기도 모르는 새에 숲의 파수꾼이 된 것입니다.

일본에 사는 포유동물들의 흔적을 뒤쫓아 보니 어땠나요?

이제 똥, 발자국, 먹이 흔적만 보고도 그 동물이 어떤 녀석인지 알아맞힐 수 있겠나요?

3장에서는 우리나라에도 살고 있고 일본에도 살고 있는 포유동물들을 소개합니다. 일본의 포유동물 가운데 육지에서 생활하는 포유동물의 절반 정도가 우리나라에도 살고 있어요. 따라서 이번 장에서 설명한 내용을 잘 봐 두면, 우리나라는 물론이고 일본에 놀러 갔을 때도 그 친구들을 찾아볼 수 있답니다.

자, 그럼 포유동물들의 흔적을 따라서 떠나 볼까요?

_ 국립생물자원관 동물자원과 한상훈 박사

우리나라와 일본에 사는
포유동물들

식육목 갯과

여우

머리·몸 길이 38.8~70.5cm
꼬리 길이 25~44cm
체중 1.9~6.7kg

뾰족한 입과 쫑긋한 귀,
제 얼굴 꼭 삼각형 같지 않나요?

▲ 여우의 털은 굵고 기다라며, 끝 부분이 하얗습니다. 부드러운 털로 덮인 긴 꼬리는 추울 때 말아서 덮기도 한답니다.

여우는 평지에서 높은 산지에 이르기까지 폭넓은 지역에 분포하고 있습니다. 주로 숲에서 생활하는데 숲 가장자리에 있는 초원이나 농경지, 하천 주변 등지에도 모습을 보이죠. 육식을 하며 들쥐나 조류, 곤충류 등을 잡아먹습니다. 가을에는 과일도 즐겨 먹고요.

우리나라의 토종 여우는 영어로 붉은여우(Red fox)라고 부르는 종입니다. 일본여우에 조금 더 가깝지만 일본여우보다 작은 편이죠. 원래 우리나라 전역에서

▼ 오른쪽 뒷발이에요. 뒷발의 발가락은 4개죠. 이 사진에 나온 여우는 사육된 것이라 야생 여우보다 발톱이 긴 편이에요. 뒷발 길이는 12.5~17.5cm 정도 됩니다.

X 0.4

▲ 오른쪽 앞발이에요. 앞발은 발가락이 5개이지만, 첫째 발가락은 이리발톱으로 땅에 찍히지 않습니다.

X 0.4

볼 수 있었지만, 무분별한 사냥과 도시 개발로 인해 현재는 멸종 위기에 처해 있습니다.

하지만 아쉬워하지 않아도 돼요. 다행히 환경부와 국립공원관리공단에 계시는 선생님들께서 우리나라 토종여우를 복원하려고 준비 중이시라고 하거든요. 선생님들께서는 소백산국립공원에 있는 야생 적응 시설에서 자연 적응 훈련을 마친 여우 한 쌍을 2012년에 자연 방사할 계획이랍니다. 그러면 가까운 시일에 소백산에서 토종 여우를 볼 수도 있겠죠? 그런 날이 어서 빨리 다가왔으면 합니다.

일본에는 2아종의 여우가 서식하고 있습니다. 혼슈(本州)와 규슈(九州)에 서식하는 일본본토여우와 홋카이도(北海道)에 살고 있는 홋카이도여우입니다.

🔍 **사냥꾼 걸음걸이**

우수한 사냥꾼인 고양잇과 동물이나 여우는 먹잇감이 눈치채지 못하도록 가능한 한 사뿐사뿐하게 조심히 걸어갑니다. 그렇기 때문에 앞발의 자국 위에 뒷발이 겹치는 보행 패턴이 나타나죠. 이렇게 되면 남는 발자국의 수는 실제 걸음 수보다 절반으로 줄어들게 됩니다.

🐾 발자국

여우는 앞발 뒷발 모두 4개의 발가락과 발톱 자국을 남깁니다. 다만, 여우는 앞발 자국 위에 뒷발을 겹치는 사냥꾼 걸음걸이*를 하기 때문에 각각 떨어져 있는 앞발과 뒷발 자국은 보기 드물어요.

여우의 발자국은 어느 정도 자란 개의 발자국과 비슷해서 구분하기 어려울 때도 있습니다. 그럴 때는 더 자세히 살펴보세요. 가운데 발가락 2개가 길고 튀어나와 있으며 발가락못, 발바닥못, 뒤꿈치못의 사이사이가 찍혀 있지 않다면 그것은 여우의 발자국이라고 할 수 있습니다.

▲ 진흙 위에 남은 앞발과 뒷발 자국입니다. 위가 오른쪽 앞발, 아래가 오른쪽 뒷발인데요, 앞발 쪽의 발가락이 벌어져 있는 게 보일 거예요.

여우와 개 모두 발자국이 둥근 마름모꼴이지만, 여우는 둘째 발가락과 셋째 발가락 사이가 더 가깝습니다. 다음 그림에 있는 무늬를 세로로 세우면 여우의 발자국, 가로로 눕히면 개의 발자국하고 비슷하니까 한번 참고해 보세요.

▲ 여우의 보행 패턴은 앞발 자국 위에 뒷발을 겹치는 사냥꾼 걸음걸이입니다.

▲ 강 건너편까지 쓰러진 나무 위에 남은 발자국이에요. 아슬아슬해 보이죠?

💩 똥

여우의 흔적을 따라가는 데 길잡이가 되는 것은 역시 똥입니다. 잘린 나무줄기 위나 풀 위 등 비교적 눈에 잘 띄는 장소에서 발견할 수 있죠. 다른 육식 포유동물의 똥과 비교하면 확실히 굵고 뒤틀림도 덜합니다. 계절에 따라 똥에 섞여 나오는 것은 천차만별입니다. 들쥐와 같은 작은 포유동물의 털이나 조류의 깃털, 곤충류, 과일 씨앗 등이 들어 있는 경우가 많습니다. 늦여름부터 가을에 걸쳐서는 갑충[*]

🔍 갑충(甲蟲)
단단한 껍데기로 온몸이 싸여 있는 딱정벌레목의 곤충을 통틀어 이르는 말입니다. 갑충에는 풍뎅이, 하늘소, 딱정벌레 따위가 있습니다.

의 키틴질이 섞여 있는 똥을 배설해서, 일곱 빛깔로 반짝반짝 빛나기도 하죠. 가끔 석고처럼 흰 똥을 배설하기도 하는데요, 이것은 여우가 작은 포유동물을 잡아먹었을 때 그 동물의 뼈에 함유되어 있던 칼슘이 굳은 것이랍니다.

▲ 겨울, 사슴의 털이 들어 있는 여우의 똥을 발견했어요.

▲ 겨울에 발견한 똥으로 배설된 지 얼마 되지 않아 냄새가 강하게 났답니다.

▲ 넘어진 나무 위에서 발견한 여우의 똥이에요.

▲ 여우가 초여름 배설한 똥이에요. 들쥐의 털이 섞여 있네요?

▲ 칼슘이 굳어서 석고처럼 하얘진 초여름의 여우 똥입니다.

▲ 여름에 발견한 여우의 똥이에요. 벌레 껍데기와 말벌의 잔해가 보이는군요.

오래된 똥이 아니라면 여우 특유의 냄새가 날 수도 있습니다. 하지만 함부로 냄새를 맡거나 만져서는 안 돼요. 여우의 배설물에는 사람에게 질병을 옮기는 균이 있거든요. 물론 필드 워크는 다양한 방법으로 관찰하는 게 좋지만, 이런 경우에는 주의하는 것이 우선이랍니다.

🧴 냄새

여우의 오줌 냄새 역시 훌륭한 필드 사인입니다. 여우 특유의 '코를 푹 찌르는 냄새'가 나거든요. 사슴의 사체나 여우의 보금자리 굴 주변에서 이 냄새를 맡을 수 있습니다.

처음에는 이상한 냄새가 낯설기도 할 거예요. 하지만 차츰 익숙해지면 냄새만 맡아도 '앗, 여우 냄새다!' 하고 알아차릴 수 있을 것입니다.

▲ 눈 위에 남은 여우의 오줌이에요. 여우는 오줌을 눌 때 주변보다 약간 높은 곳을 고르는 경우가 많습니다.

🐟 먹이 흔적

천적에게 습격을 받아 죽은 새의 사체에서는 여러 가지 필드 사인을 발견할 수 있습니다. 그렇다면 어떤 것을 눈여겨봐야 할까요?

가장 먼저 볼 것은 떨어져 있는 새털입니다. 새털 심 부분에 갉힌 흔적이 있다면 틀림없이 여우나 담비의 짓일 가능성이 큽니다. 단,

죽은 새가 참매와 같은 맹금류*라면 여우도 한 번에 물어 죽이기는 어렵습니다. 그래서 먼저 깃털을 뽑으며 공격하죠. 이 때문에 떨어져 있는 새의 깃털을 보면 뿌리 끝까지 깨끗하게 뽑혀 있답니다.

▲ 깃털 끝부분은 갉혀서 깔쭉깔쭉하게 찢겨져 있네요.

▲ 여우의 습격을 받아 흩어진 까마귀의 깃털입니다.

🔊 울음소리

울음소리도 여우의 대표적인 필드 사인 가운데 하나입니다. 여우는 12월 하순부터 1월에 걸쳐 교미를 하는데, 수컷이 암컷을 찾아가 '갸우우우웅' 하는 울음소리를 냅니다. 이 울음소리가 들리는 시기에는 짝을 찾은 여우들이 서로 얼싸안고 눈밭을 뒹군 사랑의 흔적을 발견할 수도 있죠.

갸우우우웅

⛺ 보금자리

여우는 비교적 눈에 잘 띄는 장소에 굴을 뚫어 보금자리를 틉니다. 나무로 가려진 숲의 가장자리, 방화림*의 남쪽 일대, 숲 속의 동남쪽 경사면, 하천 바닥 등에서 주로 발견됩니다. 이른 봄, 이런 장소에 새로 쌓인 듯한 흙이 있다면 여우의 보금자리라고 보면 되죠.

　보금자리의 출입구 부근은 흙을 팔 때 발로 밟아 다졌기 때문에 매우 단단합니다. 보금자리 출입구는 보통 2개이고, 많게는 3~5개까지 있기도 합니다. 출입구는 여우의 체형에 딱 맞게 세로로 길어요.

🔍 **맹금류(猛禽類)**
성질이 사납고 육식을 하는 새를 통틀어 '맹금'이라고 부릅니다.

🔍 **방화림(防火林)**
산불이 났을 때 불이 빨리 번지지 않도록, 숲의 둘레에 화재에 강한 나무를 심어 가꾼 숲을 말해요. 주로 상록 활엽수, 낙엽 활엽수를 쓴답니다.

▲ 여우가 벼랑 귀퉁이에 굴을 파서 보금자리를 틀었네요.

보금자리 앞은 여우의 테라스*가 됩니다. 여름부터 가을에 걸쳐 이 부근에 토끼의 다리나 이빨 자국이 난 나뭇가지, 사람이 신는 샌들이 보일 때도 있습니다. 이것은 새끼 여우의 장난감입니다. 엄마 아빠가 출입구 앞까지 장난감을 옮긴 다음, 보금자리 안에 있는 새끼를 불러내면 새끼가 냉큼 달려 나와 장난감을 물어 가죠. 여우가 지나다니는 길에서 이런 물건을 발견한다면, 그것 역시 주변 어딘가에서 엄마 여우가 새끼를 기르고 있다는 증거입니다.

여우는 보금자리를 굴을 뚫을 때 다른 재료를 가져다 사용하지는 않고요. 그냥 구멍만 뚫어서 만든답니다.

🔍 테라스(terrace)
건물의 한쪽 면에 정원으로 나갈 수 있도록 창을 내어 만들어 둔 곳이에요. 일광욕을 하거나 휴식을 취하는 곳입니다.

▲ 보금자리 앞에 떨어져 있던 새끼 여우의 장난감들이에요. 왼쪽 위부터 시계 방향으로 토끼의 다리, 새의 뼈, 샌들, 스티로폼입니다. 자세히 보면 이빨 자국이 나 있습니다.

▲ 하천 근처에서 발견한 여우의 보금자리예요.

▲ 소나무 숲에 만들어진 보금자리랍니다. 출입구 쪽 땅이 아주 딴딴합니다.

더 알아봐요

🔊 아우~ 구미호의 전설을 알고 있나요?

우리나라에서 여우는 사람을 매혹시켜 간을 빼먹는 동물로 알려져 있습니다. 그 이유는 바로 구미호 전설 때문이죠. 구미호는 꼬리가 9개 달린 여우라는 뜻으로, 변신술을 써서 인간을 괴롭히거나 죽이는 존재랍니다. 워낙 유명하다 보니 지금까지도 드라마나 만화, 영화에 주인공으로 등장하고 있죠. 그렇다면 구미호 전설은 어떻게 탄생하게 되었을까요?

여러 가지 설 중에 가장 널리 알려진 이야기 하나를 소개할게요. 옛날 사람들은 여우가 사람의 무덤을 파먹는다고 믿었습니다. 사람의 무덤가를 어슬렁대면서 무덤을 파헤치고, 사람 뼈 같은 것을 입에 물고 달아나는 여우를 본 사람들이 많았거든요. 이 목격담들이 사람들 사이에서 돌고 돌아 '여우는 사람을 죽이는 동물이다'라는 소문이 되었습니다. 그리고 결국 구미호 전설로 재탄생하게 되었죠. 그런데 정말 여우가 사람 무덤을 파먹을까요?

네, 맞아요. 여우는 주로 살아 있는 동물을 사냥해 먹지만, 죽은 동물의 고기를 먹을 때도 있습니다. 실제로 만들어진 지 얼마 되지 않은 사람의 무덤을 파헤쳐 시체를 먹는 여우도 있습니다. 그뿐만이 아니에요. 여우는 아예 무덤에 굴을 파고 들어가 그곳을 보금자리로 사용하기도 합니다.

이렇게 보니 여우의 습성이 구미호 전설로 재탄생한 것과 마찬가지네요? 이처럼 동물들의 습성을 알아 두면 전설이나 민담에 숨을 의미도 알 수 있답니다.

식육목 갯과

너구리

머리·몸 길이 53~61cm
꼬리 길이 15.5~19.9cm
체중 3.2~5kg

전 다리는 짧고 몸은 땅딸막해서 빨리 달리지 못해요.

▲ 너구리는 사냥꾼의 총소리가 들리면 죽은 체하고 있다가, 사냥꾼이 방심한 틈을 타 역습을 하거나 도망치는 영리한 습성이 있습니다.

너구리는 사람과 가까운 곳에서 생활하는 야생 포유동물입니다. 평지부터 산지에 이르기까지 널리 분포하며 도시의 공원이나 주택 주변에서도 살고 있죠. 이것저것 가리지 않고 잘 먹는 잡식성으로 주식은 지렁이와 곤충류, 애벌레와 같은 토양 생물이고요. 들쥐와 조류, 과일 등도 먹는답니다. 또 너구리는 신에게 바치는 공물을 먹기 위해 신사나 사당에 오기도 해서, 다양한 장소에서 필드 사인을 발견할 수 있습니다. 우리나라에

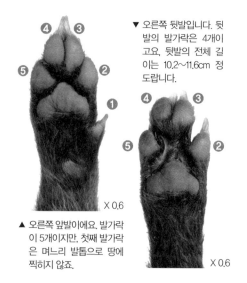

▼ 오른쪽 뒷발입니다. 뒷발의 발가락은 4개이고요, 뒷발의 전체 길이는 10.2~11.6cm 정도랍니다.

X 0.6

▲ 오른쪽 앞발이에요. 발가락이 5개이지만, 첫째 발가락은 며느리 발톱으로 땅에 찍히지 않죠.

X 0.6

114

살고 있는 너구리와 일본너구리는 유럽, 러시아 등지에서 살고 있는 너구리와 같은 종입니다. 우리나라에선 고라니와 더불어 필드 사인을 발견하기 가장 쉬운 야생 포유동물입니다.

일본에는 혼슈와 규슈에 사는 일본너구리와 홋카이도에 사는 에조너구리 2아종이 있다고 합니다.

◀ 집고양이의 발자국이에요. 보다시피 발바닥못이 사다리꼴이죠.

🐾 발자국

논과 하천 바닥 등 물가에서 너구리의 발자국을 자주 볼 수 있습니다. 4개의 발가락 자국과 발톱 자국이 남죠. 뒷발은 앞발보다 발가락 사이가 좁게 붙어 있기 때문에 발톱 자국은 거의 찍히지 않습니다. 발자국은 전체적으로 둥글며, 매화꽃을 연상시키는 귀여운 모양입니다. 크기와 형태가 집고양이의

▲ 모래에 남은 앞발과 뒷발의 발자국이에요. 4개의 발가락과 발톱 자국이 남아 있네요. 위쪽이 오른쪽 앞발, 아래가 오른쪽 뒷발입니다.

▼ 앞발과 뒷발이 겹쳐져 있네요.

▲ 논길에 남은 보행 패턴입니다. 너구리는 어깨 폭이 넓기 때문에 보행 패턴이 지그재그가 됩니다.

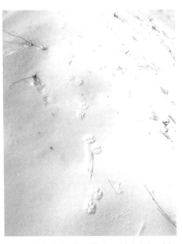

▲ 눈 위의 발자국을 관찰하고 싶다면, 눈이 녹기 전인 오전에 나가도록 하세요.

▲ 여우처럼 앞발의 자국에 뒷발을 겹쳐서 걷기도 하지만, 너구리는 중간에 한 번씩 걸음이 어긋난답니다.

으름덩굴

으름덩굴과의 덩굴나무예요.
타원형의 작은 이파리 다섯 장
이 둥글게 모여 나고요. 5m까
지 자랍니다. 4~5월에 연한
자주색 꽃이 길게 드리워 피
고, 열매는 고구마 모양으로
열립니다. 우리나라의 황해 이
남과 일본, 중국 등지에 분포
해 있습니다.

발자국과 비슷하지만, 집고양이의 발자국은 발바닥못이 사다리꼴이
며 발톱 자국이 아예 남지 않는 경우가 더 많으니 자세히 관찰하면
구분할 수 있을 거예요.

똥

너구리는 여러 마리가 한곳에 똥을 배설하는 독특한 습성이 있습니
다. 그래서 너구리 똥은 대부분 무더기로 발견되죠. 이 똥 무더기를
보려면 시야를 넓혀 숲 전체를 봐야 합니다. 똥을 배설하는 장소는
원래 가족끼리만 사용하는데요. 가족이 아니어도 새로 이사 온 너구
리가 인사할 겸 배설을 하고 가기도 합니다.

너구리의 똥은 주로 덤불 속이나 숲길, 산등성이 갓길과 같은 개
방된 장소에서 발견할 수 있습니다. 그러나 워낙 잘 돌아다니는 녀
석이라 의외의 장소에서 발견할 수도 있으니 주의해야 합니다. 똥
무더기는 겨울~봄 사이에 사방 1m, 높이 10cm 정도로 커지기도 하
고요. 갑자기 흔적도 없이 사라지기도 합니다.

너구리 똥에는 감나무나 으름덩굴* 나무의 씨, 작은
포유동물의 뼈와 털, 곤충 등 계절에 따라 다양한 것
들이 섞여 나옵니다. 먹을 것이 없는 겨울이나 도시
에 사는 너구리의 똥에서는 비닐, 알루미늄, 고무처
럼 사람이 버린 쓰레기가 나올 때도 있습니다.

▲ 가족 공용 화장실을 찾아가는 너구리예요.

◀ 초겨울에 발견한 너구리 똥에서
는 감나무 껍질과 씨앗을 볼 수
있습니다.

▶ 늦여름 너구리 똥에서는 자두
껍질과 씨가 보인답니다.

X 0.7

X 0.7

🔍 **맥문동(麥門冬)**

백합과의 여러해살이풀이에
요. 줄기 높이는 30〜50cm이
고, 뿌리는 짧고 굵으며, 잎은
뿌리에서 뭉쳐나는데 부추와
비슷하게 생겼습니다. 산지의
나무 그늘에서 주로 자라죠.
제주, 전남, 전북, 경남, 경북,
강원 등지에 분포해 있답니다.

▲ 너구리는 사람들이 남긴 음식을 먹다가 고무나 비
닐을 먹기도 합니다.

▲ 구더기의 활동이 적은 겨울에는 똥이 그대로 얼어
버리기 때문에, 아주 쉽게 발견할 수 있지요.

▲ 늦은 겨울부터 이른 봄의 너구리의 똥 무더기입니
다. 은행 씨가 많이 들어 있네요.

▲ 맥문동*의 씨가 섞인 이른 봄의 너구리 똥이에요.

🐟 **먹이 흔적**

너구리 같은 잡식 포유동물은 먹이 흔적에 큰 특징이 없어
요. 늦은 봄, 밭에서 개구리나 도롱뇽을 잡아먹은 흔적
을 볼 수 있는 정도죠. 따라서 발자국과 같은 다른 필드
사인을 함께 찾아야 합니다.

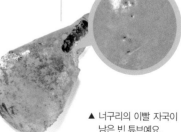

▲ 너구리의 이빨 자국이
남은 빈 튜브예요.

117

🔍 **토관(土管)**
시멘트나 흙을 구워서 만든 둥글고 큰 관으로, 우물이나 굴뚝 또는 배수로를 놓을 때 씁니다.

▲ 논두렁에 숨어 사는 산청개구리를 파낸 흔적이에 요. 개구리 알도 파헤쳐져 있습니다.

▲ 너구리가 물어뜯은 비닐 포장지입니다.

⛺ 보금자리

산에서 가까운 민가는 너구리들의 아늑한 보금자리가 됩니다. 마루 밑, 창고, 사용하지 않는 토관*, U자형 도랑 등을 이용하죠. 숲에서는 나무뿌리나 낭떠러지에 생긴 동굴을 사용합니다. 또 너구리는 스스로 큰 굴을 팔 수 있기 때문에 오래된 여우의 보금자리나 오소리의 보금자리를 빌려 다시 공사를 해 자신만의 휴식처로 쓰기도 합니다.

▲ 밭에서 먹이를 찾는 너구리의 모습입니다.

너구리는 나무를 아주 잘 타지는 못해요. 그러나 천적에게 공격을 받을 때는 재빨리 나무 위로 숨을 수 있죠. 사실 새끼를 기르는 시기를 제외하면 너구리는 어디든 보금자리를 틉니다. 이런 자유분방한 삶의 방식이 어떤 환경에서든 너구리가 잘 적응하고 살아갈 수 있게 하는 원동력인 것 같습니다.

▲ 낡은 집 아래에 구멍을 파고 보금자리를 튼 너구리예요.

▲ 조그마한 창고나 빈집은 너구리에게 안락한 보금자리가 됩니다.

◀ 창고 안, 먼지가 쌓인 부분에 남은 너구리의 발자국(화살표)입니다.

▲ 초여름, 오소리의 보금자리에서 나온 새끼 너구리입니다. 오소리가 남기고 간 보금자리는 새끼를 기르는 데 아주 유용하답니다.

▲ 바위 틈새(화살표)도 너구리의 포근한 보금자리죠.

더 알아봐요

📢 너구리 억울하게 죽다!

옛날에 한 사냥꾼이 오소리를 잡으려고 오소리 굴의 출입구 중 하나만 남기고 모든 곳을 다 막아 버렸다고 합니다. 그리고 남겨 둔 구멍으로 연기를 불어넣었죠. 결국 연기를 참지 못해 오소리가 굴에서 뛰쳐 나왔고 사냥꾼은 냉큼 총을 쏘았습니다. 아니 그런데 가까이서 보니 총에 맞은 건 오소리가 아니라 너구리인 것 아니겠어요? 어떻게 이런 일이 있을 수 있었을까요? 사실 오소리는 보금자리를 많이 만드는 습성이 있습니다. 그러나 모든 보금자리를 매일 사용할 수는 없죠. 어떤 곳은 오랫동안 비어 있기도 합니다. 이렇게 빈 오소리 굴을 너구리가 몰래 빌려 쓰죠. 옛 이야기 속 너구리도 오소리 굴을 빌려 쓰다 억울한 죽음을 맞게 된 것이랍니다.

식육목 고양잇과

삵

머리·몸 길이 50.5~60.7cm
꼬리 길이 22~26.6cm
체중 2.8~4.5kg

저는 물을 두려워하지 않아요.
헤엄도 잘 쳐서 강도
건널 수 있죠.

▲ 맹그로브 숲*에 나타난 이리오모테삵이에요. 사냥을 하러 나온 모양입니다.

🔍 **맹그로브(mangrove) 숲**
아열대나 열대의 해변이나 하구의 습지에서 발달하는 숲입니다. 주로 멀구슬나뭇과의 나무들로 이루어져 있죠. 이 숲의 나무들은 땅 위로 올라온 나무뿌리 모양이 얽기설기 얽혀 있어 괴상한 모습을 하고 있습니다.

삵은 주로 우거진 숲이나 초원, 습지, 못 등에서 생활합니다. 쥐와 같은 작은 포유동물이나 조류, 양서류, 파충류, 곤충류 등을 먹고 살죠.

집고양이와 비슷한 외모를 가졌지만 귀 끝을 보면 구분할 수 있습니다. 집고양이의 귀 끝은 뾰족한 데 비해, 삵의 귀 끝은 둥글거든요. 삵은 체격이 땅딸막하며 팔다리가 굵어서 전체적으로 다부진 인상을 줍니다. 또 실제 꼬리는 그다지 굵지 않지만 털이 길어서 꼬리까지 굵어 보인답니다.

우리나라의 삵은 벵골살쾡이의 아종으로 러시아 서남부, 중국 동북부, 동남아시아 등지에 분포한 종과 같습니다. 연구자 선생님들 중에는 만주살쾡이, 일본의 쓰시마삵과 우리나라 삵을 같은 아종으로 보는 분도 있고요. 서로 다른 아종으로 보는 분도 있습니다.

일본에는 오키나와 현(沖繩縣) 이리오모테 섬(西表島)에만 사는 이리오모테삵이 있습니다. 몸집은 집고양이만 하고요. 눈가에 둘러쳐진 하얀 선, 눈과 너비가 같은 코가 특징입니다. 그리고 귀 안쪽에 호이상반(虎 범 호, 耳 귀 이, 狀 형상 상, 班 나눌 반)이라 불리는 흰 반점이 있는데요. 이것은 이리오모테삵뿐만 아니라 모든 삵의 공통된 특징입니다.

이 녀석은 일본 사람들에게 '산의 고양이'라 불리며 매우 귀중한 대접을 받고 있죠. 일본은 이리오모테삵을 특별 천연 기념물로 지정하고 서식지인 이리오모테 섬을 통제하여 보호에 힘쓰고 있답니다. 일본에는 이 외에 쓰시마 섬(對馬島)에 사는 쓰시마삵도 있답니다.

/// 발톱 흔적

삵의 대표적인 필드 사인은 나무껍질에 남은 발톱 흔적이라고 할 수 있습니다.

일본의 사진가인 요코쓰카 마코토 선생님이 소개한 '삵의 존재를 더듬어 가는 방법'을 참고로 들어 볼까요? 우선 자신의 눈높이에 있는 나무의 껍질을 살펴보세요. 그곳에 만약 발톱 흔적이 남아 있다면 주변에 똥, 발자국, 오줌 냄새

▲ 나무에 남은 삵의 발톱 흔적(화살표)을 한번 보세요.

와 같은 다른 필드 사인이 있는지 확인합니다. 그리고 삵이 나무 위에 왜 올라갔을지 추리하다 보면, 삵의 행동 패턴을 유추해 볼 수 있답니다.

🐾 발자국

앞발은 발가락이 5개이지만, 첫째 발가락은 며느리 발톱이라 발자국으로 남지 않습니다. 따라서 앞발, 뒷발 모두 4개의 발가락만 흔적이 남겠죠? 그리고 일본에는 '삵의 발톱은 절반만 나와 있다'는 말이 있다고 해요. 이 말처럼 삵은 발자국에 발톱이 절반만 남는 경우가 있습니다. 틀림없이 진흙에 빠지거나 미끄러지지 않도록 발톱을 내밀고 조심조심 걸었기 때문일 거예요.

나무 위부터 강까지 넓은 생활권을 자랑하는 삵에게 발톱은 아주 중요한 신체 부위랍니다. 긴 발톱이 미끄러지는 것을 방지해주기 때문에 다양한 환경에서 잘 지낼 수 있죠. 축구화 밑창에 달려 있는 뾰족한 스파이크를 생각하면 될 거예요.

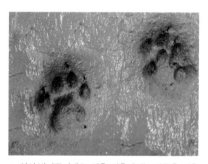

▲ 삵의 발자국이에요. 깊은 진흙에서는 발톱을 사용해 미끄러지는 것을 방지합니다.

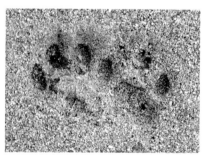

▲ 모래에 찍힌 삵 발자국입니다. 집고양이 발자국보다 전체적으로 더 크고, 발바닥 폭도 넓습니다.

💩 똥

집고양이들은 배설을 한 뒤 모래로 똥을 덮어 숨기는 습성이 있습니다. 하지만 삵은 그런 행동을 하지 않죠. 삵의 똥은 단순한 배설이 아니라 영역 표시의 의미도 있거든요. 똥을 모래로 덮어 버리면 그곳이 누구 영역인지 알 턱이 없겠죠?

막 배설한 삵의 똥은 갈색이나 검은색을 띠지만 시간이 지나 건조해지면 하얗게 변합니다. 내용물은 주로 새의 깃털, 곤충의 잔해, 양서류*의 뼈, 포유동물의 털 등 여러 가지입니다. 가끔은 자기 털을 혀로 가다듬다가 몇 가닥을 먹고 똥으로 배설하기도 하는데요. 이 털은 바늘같이 뾰족하고 꼿꼿합니다. 똥 안에 볏과 식물이 들어 있는 경우도 많습니다.

삵은 사냥터나 휴식처로 삼을 수 있는 곳에서 주로 생활하니까요. 이곳을 유심히 살펴보면, 삵이 오줌이나 똥으로 영역 표시를 한 흔적을 발견할 수 있을 거예요.

▲ 모래사장에 남은 삵의 보행 패턴이에요. 고양잇과 특유의 사냥꾼 걸음걸이가 보이네요. 보행 패턴은 일직선으로 이어지는 편입니다.

▲ 눈에 띄는 장소에서 발견된 삵의 똥입니다. 잡아먹은 먹이의 잔해가 섞여 있습니다.

▶ 사육한 삵의 똥입니다. 볏과 식물이 그대로 들어 있는 게 보일 거예요. 자기 털을 핥을 때 먹은 털도 섞여 있습니다.

🔍 **양서류(兩棲類)**
양서강의 동물을 통틀어 이르는 말로, 어류와 파충류의 중간 종입니다. 땅과 물속을 왔다 갔다 하면서 살아갑니다. 개구리와 도롱뇽이 여기 속해요.

설치목 뉴트리아과

뉴트리아

머리·몸 길이 50~70cm
꼬리 길이 35~50cm
체중 6~9kg

저는 '늪너구리'라고도
불린답니다.

▲ 모나고 각진 머리에 작은 귀가 있고요. 꼬리는 기다랗습니다.

뉴트리아는 남아메리카가 고향인 대형 물쥐입니다. 우리나라와 일본에게는 귀화종이죠.

우리나라에서는 1985년 고기와 모피를 얻기 위해 뉴트리아를 처음 들여왔습니다. 2001년에는 축산법상 가축으로 등재되기도 했고요. 이후 계속된 사육으로 뉴트리아의 수는 급증했습니다. 그러나 수요는 생각만큼 늘어나지 않았죠. 결국 사육을 포기하는 사람들이 속속 생겨났고 이때 수많은 뉴트리아들이 사육지를 탈출해

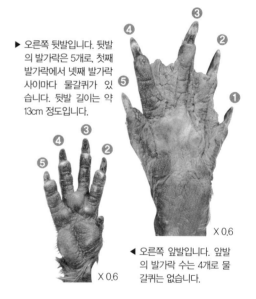

▶ 오른쪽 뒷발입니다. 뒷발의 발가락은 5개로, 첫째 발가락에서 넷째 발가락 사이마다 물갈퀴가 있습니다. 뒷발 길이는 약 13cm 정도입니다.

X 0.6

◀ 오른쪽 앞발입니다. 앞발의 발가락 수는 4개로 물갈퀴는 없습니다.

X 0.6

야생으로 들어가 버렸습니다. 지금의 야생 뉴트리아는 전부 그때부터 야생화한 녀석들인 것이죠. 뉴트리아는 경남 지방의 낙동강 근처에 집중적으로 보금자리를 틀고 있고요. 제주도를 비롯해 우리나라 전역에서 찾아볼 수 있습니다. 번식력과 적응력이 매우 좋거든요.

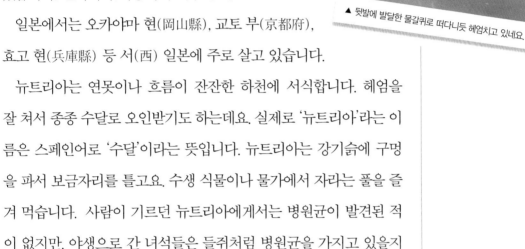
▲ 뒷발에 발달한 물갈퀴로 떠다니듯 헤엄치고 있네요.

일본에서는 오카야마 현(岡山縣), 교토 부(京都府), 효고 현(兵庫縣) 등 서(西) 일본에 주로 살고 있습니다.

뉴트리아는 연못이나 흐름이 잔잔한 하천에 서식합니다. 헤엄을 잘 쳐서 종종 수달로 오인받기도 하는데요. 실제로 '뉴트리아'라는 이름은 스페인어로 '수달'이라는 뜻입니다. 뉴트리아는 강기슭에 구멍을 파서 보금자리를 틀고요. 수생 식물이나 물가에서 자라는 풀을 즐겨 먹습니다. 사람이 기르던 뉴트리아에게서는 병원균이 발견된 적이 없지만, 야생으로 간 녀석들은 들쥐처럼 병원균을 가지고 있을지 모르니 웬만하면 접촉하지 않는 편이 좋아요.

🐾 사는 곳의 환경

▲ 뉴트리아가 사는 곳이에요. 흐름이 느린 하천 하류입니다.

뉴트리아는 주로 못이나 늪과 같이 물이 고여 있는 곳이나 하천 하류처럼 물의 흐름이 느린 장소에 삽니다. 잔잔한 수면에 파동을 남기며 유유히 헤엄치는 동물을 보게 된다면, 그것은 아마도 뉴트리아일 가능성이 크겠죠?

원래 야행성이지만 아침과 이른 저녁에도 활동하며 때로는 낮에 돌아다니는 것을 볼 수도 있습니다. 겨울철 물새에게 먹이를 줄 때, 갑자기 나타나서 먹이를 가로채기도 하는 뻔뻔한 녀석이라 필드 사인보다 오히려 실물을 목격할 때가 더 많답니다.

▲ 겨울철, 물새 틈에 섞여 먹이를 가로채고 있군요.

🏠 보금자리

하천이나 연못에는 물이 넘치는 것을 막기 위해 흙을 쌓아 둑을 만들어 둡니다. 뉴트리아는 이 둑에 땅굴을 파서 보금자리를 틀죠. 보금자리 안에서는 뉴트리아 무리가 함께 생활하고 있습니다.

연못이나 강기슭으로 필드 워크를 나가면, 다양한 동물의 발자국과 먹이 흔적을 볼 수 있는데요. 그중에서 뉴트리아의 필드 사인을 골라내기 위해서는, 모래와 진흙이 파헤쳐진 흔적을 먼저 찾아보면 됩니다. 뉴트리아의 보금자리 출입구 부근에는 뉴트리아가 지나다니며 모래와 진흙을 판 자국이 남아 있거든요. 선명해서 한눈에 알아볼 수 있을 거예요.

▲ 보금자리에서 하천으로 가는 길목이에요. 진흙땅이 깊게 파여 있네요.

▲ 강기슭의 풀숲에 생긴 뉴트리아의 길입니다. 풀이 자근자근 밟혀서 길이 되었습니다.

🐾 발자국

뉴트리아가 다니는 길은 대부분 진흙땅으로, 이곳을 잘 관찰하면 뉴트리아의 발자국을 발견할 수 있습니다. 물갈퀴 자국이 있는 것이 특징이니까, 이점을 염두에 두고 찾아보세요.

▲ 뉴트리아의 프린트는 앞발과 뒷발이 겹쳐지는 모양입니다. 뒷발의 물갈퀴가 잘 드러나 있네요.

▲ 뉴트리아가 자주 오가는 길에 남겨진 수많은 발자국들입니다.

🐟 먹이 흔적

뉴트리아는 비버*와 비슷하게 생겼지만, 오렌지색의 큰 앞니가 있어 쉽게 구분할 수 있습니다. 이 이빨은 1장에서 한 번 설명했던 '절치'입니다. 기억하죠? 쥐나 다람쥐류의 동물들에게 있는 앞니

▲ 뉴트리아가 베어 먹은 풀입니다. 마치 낫으로 벤 것 같네요.

말이에요. 뉴트리아의 절치는 특이하게도 오렌지색을 띠기 때문에 더욱 확인하기 쉽습니다. 뉴트리아는 식물의 잎과 줄기를 즐겨 먹는데요. 주로 줄*과 물옥잠 같은 것들이랍니다.

🔍 **비버(beaver)**

설치목에 속하는 동물입니다. 몸통 길이는 60~70cm, 꼬리 길이는 33~44cm이며, 갈색이나 검은 갈색을 띠는 털을 가졌습니다. 꼬리가 넓고 편평하며 비늘로 덮여 있는 것이 특징이죠. 뒷발에 물갈퀴가 있어 헤엄을 아주 잘 칩니다.

🔍 **줄**

볏과의 여러해살이풀입니다. 우리나라와 일본, 중국, 시베리아 동부 등지에 분포해 있습니다. 열매와 어린잎은 사람도 먹을 수 있어요. 잎은 도롱이, 모자 챙 등을 만드는 데에도 쓰인답니다.

필드 워크 초보자라면, 먼저 하천 중류로 가 보는 것이 뉴트리아를 관찰하는 데 가장 좋습니다. 그곳에서 물가 주변에 있는 풀숲을 유심히 관찰해 보세요. 단면이 예리하게 잘린 잎들을 볼 수 있을 거예요. 바로 뉴트리아의 먹이 흔적입니다.

▲ 이빨이 정말 오렌지색을 띠고 있네요.

▲ 뉴트리아가 뜯어 먹은 풀의 단면입니다. 마치 칼로 자른 듯 예리하죠?

💩 똥

뉴트리아가 살고 있는 연못이나 강의 수면을 보면 작은 초록색 바나나 같은 것이 둥둥 떠 있는 것을 볼 수 있습니다. 뉴트리아의 똥이죠. 형태는 가늘고 긴 모양이 대부분입니다. 모양이 쥐의 똥과 비슷하지만, 크기가 남다릅니다. 뉴트리아의 똥은 두께가 1cm, 길이는 약 4cm 정도로 거대해서 다른 쥐들의 똥과 헷갈릴 일이 절대 없을 거예요.

▲ 수면에 떠 있는 뉴트리아의 똥입니다.

뉴트리아의 똥을 잘 관찰하면 식물의 잎사귀가 들어 있는 것을 볼 수 있습니다.

X 1.0

▲ 건조시킨 똥입니다. 잘 보면 이파리가 들어 있는 것을 알 수 있답니다.

X 1.0

▲ 초록색을 띠는 바나나 모양의 뉴트리아 똥입니다. 눈 지 얼마 안 된 것이네요.

더 알아봐요

📣 수달과 혼동되는 큰 쥐

연구자 선생님들은 종종 '수달을 목격했다'는 제보를 받고 현장으로 달려 나갑니다. 하지만 막상 현장에 도착해 보면 대개 족제비나 사향고양이, 야생 *밍크와 수달을 혼동한 경우가 많죠.

지금은 뉴트리아가 수달로 잘못 인식되는 경우가 가장 많습니다. 물가에 살며 헤엄을 잘 치고 체구나 꼬리 형태가 서로 비슷하기 때문인데요. 뉴트리아는 물에 있는 때가 더 많아서 물가에 발자국을 남기는 일은 드뭅니다.

정보를 제공하는 사람은 좋은 뜻에서 제보한 것이라, 연구자 선생님들은 항상 감사하는 마음으로 조사를 나갑니다. 뉴트리아일 것 같아서 조사를 나가지 않았는데 사실은 진짜 수달의 필드 사인이었다면 귀중한 자료를 잃게 되는 것이니까요.

이 책을 쓴 구마가이 사토시 선생님은 도쿠시마 현(德島縣)에서 수달을 봤다는 제보를 받고 필드 워크를 나가려다가 앞니가 노랬다는 추가 정보에 '아, 뉴트리아구나' 하고 낙심한 적도 있다고 하네요.

▲ 수달(왼쪽)과 사향고양이(오른쪽)는 물가를 주로 돌아다니는 습성도 같고, 외모도 비슷해서 서로 혼동되는 일이 다반사입니다.

🔍 밍크(mink)

본래 이름은 '미국밍크'입니다. 족제빗과에 속하고요. 윤기가 자르르 흐르는 갈색의 털을 가졌습니다. 주로 물가에 살며 물고기, 들쥐, 토끼, 개구리, 뱀 따위를 잡아먹습니다. 여성용 고급 외투에 쓰이는 대표적인 동물이죠. 북아메리카가 원산지입니다.

식육목 곰과
반달가슴곰
머리·몸 길이 109~198.2cm
꼬리 길이 약 8cm
체중 40~120kg

가슴에 반달을 품고 사는
나는야, 반달가슴곰!

▶ 앞발의 발톱입니다.
앞발과 뒷발 모두 발
가락이 5개이며, 발톱은
길고 예리하답니다.

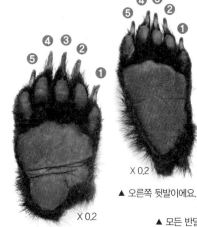

X 0.2

▲ 오른쪽 뒷발이에요.

X 0.2

▲ 오른쪽 앞발입니다.

▲ 모든 반달가슴곰이 가슴에 반달 모양을 가진 건 아니에요. 모양이 뚜렷하지 않은 녀석도 있고, 아예 없는 녀석
도 있답니다.

반달가슴곰은 사람이 사는 곳과 가까운 산에서 낙엽과 활엽수를 즐
기며 생활합니다. 잡식성이며 주로 도토리 같은 나무 열매를 즐겨 먹
죠. 때로는 드물게 새끼 사슴을 잡아먹는다든가 죽은 사슴과 산양을
먹기도 합니다. 여름철에는 곤충류와 가재 등 갑각류도 먹으며, 양어
장에서 송어를 훔쳐 먹을 때도 있습니다.

'곰' 하면 역시 겨울잠*이 떠오르죠? 반달가슴곰은 겨울에서 초봄에 걸쳐 큰 나무에 생긴 나무 동굴에서 겨울잠을 잡니다. 암컷은 그 사이에 한두 마리의 새끼도 출산합니다.

혹시 우리나라에서 실시한 '반달가슴곰 복원 프로젝트'를 알고 있나요? 반달가슴곰을 지리산으로 보내 자연 번식을 하도록 한 프로젝트죠. 이렇게 사람들이 프로젝트를 만들어야 할 정도로, 현재 우리나라에서 야생 반달가슴곰을 보는 건 매우 어려운 일입니다. 천연기념물 제 329호로 지정하여 보호도 하고 있죠.

일본 홋카이도에는 반달가슴곰 외에 불곰도 살고 있습니다. 일본에 사는 육상 동물 중 가장 몸집이 큰 녀석이라고 하네요.

🐾 발자국

반달가슴곰의 발자국에는 앞발과 뒷발 모두 5개의 발가락과 발톱 자국이 뚜렷이 남으며, 앞발 자국의 폭이 뒷발 자국보다 넓습니다. 느리게 걸으면 발뒤꿈치의 자국이 또렷하게 남을 때도 있습니다.

일단 발자국 필드 사인을 발견했다면 크기를 한 번 재어 보세요. 다 자란 곰의 경우 발자국이 매우 크기 때문에, 필드 사인으로서 매우 귀중한 자료가 될 거예요. 주의할 것은, 반달가슴곰은 심한 안짱다리라 발가락의 방향이 사람과 반대로 찍힌다는 점입니다. 이를 염두에 두고 있지 않으면 오른쪽과 왼쪽을 잘못 파악할 수도 있어요.

▲ 숲의 진흙길에 남은 반달가슴곰의 발자국이에요.

🔍 동물들의 겨울잠

기온이 낮아지고 먹잇감이 적은 겨울이 되면 삵이나 박쥐, 곰, 오소리 등 여러 포유동물들은 겨울잠에 듭니다. 그러나 모두 똑같은 방식으로 겨울잠을 자는 건 아니에요. 삵과 박쥐 등은 겨울잠을 자는 동안 몸에 축적된 에너지가 빨리 소모되지 않도록 체온을 5℃ 이하로 떨어뜨리고 잠에 듭니다. 호르몬 활동을 통해 가능한 일이죠.

그러나 곰과 오소리는 체온을 평상시보다 약 5℃ 정도만 낮춥니다. 소리와 냄새에 대한 감각을 깨워 둔 채로 잠을 자기 위해서인데요. 이를 겨울잠과 구분해 '겨울나기'로 표현하기도 한답니다.

또한 첫째 발가락만 찍히지 않아, 발가락의 수가 4개가 되어 버릴 때도 있으니 이 점도 반드시 기억해 둬야 하겠습니다.

💩 똥

반달가슴곰의 똥은 계절에 따라 다른 모양을 나타내지만, 가을철에는 주로 도토리를 먹기 때문에 '도토리 똥'이라 불리는 특이한 똥을 배설합니다. 도토리 똥은 회색 빛으로 도토리 껍데기가 빽빽이 들어 있습니다.

반달가슴곰의 똥은 잘못 보면 '앗! 누가 숲에다 급한 볼일을 보고 갔구나' 하고 착각할 정도로 사람의 똥과 비슷한데요. 이때는 옆에 휴지가 있는지 없는지만 보면 된답니다. 반달가슴곰이 휴지로 뒤처리를 했을 리는 없으니까요.

X 0.5

▲ 딸기나 나무 열매의 씨가 빽빽이 박힌 반달가슴곰의 똥입니다. 이렇게 굵은 똥을 다른 동물의 필드 사인으로 오해할 일은 없겠죠?

▲ 도토리를 먹고 싼 똥은 오래될수록 검은색을 띱니다. 배설된 지 얼마 되지 않은 것은 회색이고, 구더기가 꿈틀대고 있죠.

▲ 너도밤나무*의 도토리를 먹은 반달가슴곰의 똥이에요. 너도밤나무나 모과나무의 열매를 먹은 반달가슴곰의 똥에는 껍질이 빽빽이 들어 있습니다.

▲ 반달가슴곰이 자주 다니는 길에서 발견된 똥입니다.

🐟 먹이 흔적

반달가슴곰은 잡식 동물로, 계절에 따라 먹는 것이 달라집니다. 초여름에는 죽순을 주로 먹고, 가을에는 도토리를 먹죠. 이렇게 계절마다 한 가지 음식을 정해 놓고, 한 번에 많이 먹는 것이 반달가슴곰의 식성입니다. 대식가인 만큼 먹이 찌꺼기의 양도 많습니다. 먹이 흔적의 범위도 넓어서 잘 알아볼 수 있을 거예요. 예를 들면, 층층나무* 열매를 먹으려고 가지를 꺾은 흔적이나 벌집을 쑤셔 댄 흔적 같은 것이죠. 보자마자 '앗, 엄청난 먹이 찌꺼기네. 이건 분명 반달가슴곰의 먹이 흔적이다!' 하고 생각할 수 있습니다.

반달가슴곰은 엄청난 식탐만큼 식사 요령도 훌륭한데요. 죽순의 껍질을 예쁘게 벗겨 먹거나, 작은 개미를 모아서 한 번에 잡아먹거나, 밤의 알맹이만 먹고 껍질은 뱉어내는 등 똑똑한 식사 요령을 가지고 있죠.

▲ 벌집을 파낸 흔적(화살표)예요.

🔍 **층층나무**
높이 20m의 활엽수입니다. 넓은 타원형 모양의 잎이 나죠. 5월에 흰 꽃이 피고 열매는 9월에 익습니다. 골짜기의 비옥한 토양에서 잘 자라고요. 우리나라와 일본, 중국 등지에 분포해 있습니다.

▲ 볏과 식물인 섬대를 먹은 흔적입니다. 껍질이 한군데 잔뜩 모여 있네요.

▲ 층층나무의 가지를 꺾어 열매를 따 먹은 흔적입니다.

▲ 돌을 뒤집어 가며 개미를 찾는 반달가슴곰이에요.

/// 발톱 흔적

소설가이자 박물학자인 어니스트 시턴 선생님의 《시턴 동물기(Wild Animals I Have Known)》를 보면, 반달가슴곰은 발톱 흔적으로 자신의 영역이나 존재를 다른 곰들에게 보인다고 나와 있습니다. 특히 발톱 흔적을 더 높이 남길수록 세력이 더 강하다는 의미라고 하였죠. 그래서 반달가슴곰은 나무에 발톱 흔적을 표시할 때 어떻게든 더 높은 곳에 더 큰 자국을 남기려고 합니다.

이 외에도 영역 표시를 한 것이 아니라, 그냥 나무를 오르내릴 때 우연히 발톱 흔적을 남길 때도 있습니다.

▲ 오래된 발톱 흔적입니다. 시간이 지나고 나무껍질이 마르면서 흔적이 더 벌어졌습니다.

▲ 열매를 먹기 위해 올라간 층층나무에 남은 발톱 흔적입니다. 비교적 생긴 지 얼마 안 된 것이네요.

상사리

반달가슴곰만의 특별한 필드 사인을 꼽자면 상사리를 들 수 있습니다. 상사리는 곰 선반*이라고도 하는데요. 나무 위에 나뭇가지나 나뭇잎을 엮어 만든 휴식처입니다. 이곳에서 반달가슴곰은 떡 하니 누워 쉬거나 낮잠을 자죠. 반달가슴곰은 보금자리 바닥을 푹신하게 만들 때도 상사리를 이용합니다.

상사리는 때로 반달가슴곰이 식사를 한 후에 생겨
나기도 합니다. 어떻게 그럴 수 있냐고요? 반달가슴
곰은 나무 열매를 따 먹을 때, 가지를 힘껏 끌어당겨
서 따 먹습니다. 하지만 나뭇가지는 자꾸 제자리로
돌아가려 하지요. 그래서 끌어당긴 가지를 엉덩이
밑에 깔고 앉아 눌러 버립니다. 이 가지는 차곡차
곡 반달가슴곰의 엉덩이에 눌리겠죠? 그 결과 나
뭇가지는 편평하게 눌려서 마치 널빤지 같은 상
사리가 만들어지는 것입니다.

▲ 늦가을에 발견한 상사리입니다. 이 나무는 물참나무* 랍니다.

열매를 다 먹은 반달가슴곰이 자리를 털고 일어나면 가지는
다시 제자리로 돌아가게 됩니다. 그러면 나뭇가지 위에 상사리가 남
게 되죠. 멀리서 보면 마치 새의 둥지처럼 보일 거예요.

▲ 밤나무 아래에 흩어진 가지가 보이죠?

▲ 산등성에 있는 밤나무입니다. 여러 개의 상사리가 만들어져 있네요.

🔍 물참나무
참나뭇과의 활엽수입니다.
높이는 25m 정도이며, 잎은
긴 타원형으로 가장자리에
물결 모양이 나 있습니다. 일
본, 사할린 등지에 분포해 있
으며 우리나라에도 자라고
있습니다.

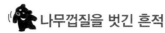 **나무껍질을 벗긴 흔적**

부름켜

쌍떡잎식물, 겉씨식물, 일부 외떡잎식물의 줄기나 뿌리의 바깥과 안쪽 물관 사이를 이루는 조직입니다.

반달가슴곰은 영역 표시를 하기 위해 나무껍질을 벗깁니다. 먹을 것이 적은 이른 봄에는 나무 기둥 사이의 부름켜*를 먹기 위해서 나무껍질을 벗기기도 하죠.

나무껍질을 벗길 때는 아래서부터 위로 활짝 벗겨 올립니다. 많은 양의 나무껍질을 벗기는 것은 아니기 때문에 나무가 마르거나 죽지는 않아요. 하지만 벗겨진 부분에 목재부후균이 들어가기는 쉬워질 수 있습니다. 만약 반달가슴곰이 껍질을 벗겨낸 나무에 목재부후균이 들어간다면, 30년 후 그 부분은 썩어서 큰 굴이 될 것입니다. 커다란 나무 밑동에 깊이 파인 나무 굴들은 이렇게 만들어진 것이죠. 혹시, 반달가슴곰들은 미래의 자손들이 겨울잠을 잘 수 있는 '겨울잠 전용 굴'을 미리 만들어 두는 것은 아닐까요?

▲ 삼나무의 나무껍질이 몽땅 벗겨져 있네요. 반달가슴곰의 짓이겠죠?

▲ 나무껍질을 벗긴 뒤 부름켜를 갉아 먹어 이빨 자국이 남아 있습니다.

▲ 나무껍질의 일부분이 벗겨진 삼나무입니다.

🏔 보금자리

반달가슴곰은 큰 나무의 밑동과 뿌리 부분에 생긴 나무 굴이나 바위 틈새에 보금자리를 틀고 긴 겨울잠을 잡니다.

▲ 수컷 반달가슴곰이 겨울잠을 잤던 땅굴입니다. 마른 연못과 드러난 나무뿌리 사이에 자리를 잡았네요.

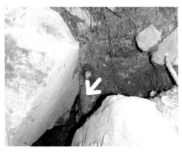

▲ 암컷 반달가슴곰이 겨울을 나기 위해 사용했던 바위 구멍입니다.

▲ 정말 큰 나무죠? 이 나무 구멍에서 반달가슴곰이 겨울잠을 잡니다.

더 알아봐요

📢 반달가슴곰이 생태를 파괴하고 있다고요?

반달가슴곰 때문에 껍질이 다 벗겨진 나무를 보고 '반달가슴곰이 저렇게 나무껍질을 다 벗기면 나무가 말라죽는 거 아닐까?' 하고 생각하지 않았나요? 물론 그런 걱정을 할 수 있습니다. 실제로 곰이 나무껍질을 너무 많이 벗겨서 생태계가 파괴되고 있다는 사람도 있거든요. 하지만 그건 오해예요. 동물들의 영역 표시나 먹이 사냥은 자연스러운 행동입니다. 예를 들어, 아프리카의 사바나에 있는 기린을 볼까요? 기린은 무성하게 자란 나뭇잎을 먹고 사는데요. 이 활동 덕분에 그늘이 졌던 땅 위로 골고루 햇빛이 닿게 됩니다. 기린의 식사가 가치지기 역할을 한 것이죠.

반달가슴곰이 나무껍질을 벗기는 것도 잔가지를 솎아 내는 역할을 하여, 숲에 햇빛이 잘 들도록 해 준답니다. 반달가슴곰의 나무껍질 벗기기는 나무를 병들게 하는 것이 아니라, 더 풍성하게 자라도록 도와주는 것이죠.

이렇게 고마운 반달가슴곰을 생태계 파괴자라고 불러서는 안 되겠죠?

식육목 족제빗과

족제비

머리 · 몸 길이 수컷 27.8~36.9cm, 암컷 23~26.5cm
꼬리 길이 수컷 11.2~15cm, 암컷 9~10.5cm
체중 수컷 2.7~6kg, 암컷 1.1~1.8kg

눈 주변의 검은 무늬가
꼭 가면을 쓴 것
같지 않나요?

© flicker _ Peter Trimming

▲ 족제비는 몸이 길고, 다리와 꼬리가 짧습니다.

족제비는 평지와 산지에 두루 서식합니다. 주로 물가에서 개구리와 물고기, 들쥐를 잡아먹고 살죠. 체구는 수컷보다 암컷이 더 작습니다. 아래턱 부분에 흰 무늬가 뚜렷한 것이 가장 큰 특징입니다. 겨울에는 등 쪽 털이 황색으로, 이마 털은 짙은 갈색으로, 뺨과 몸 아랫면 털은 짙은 황토색으로 변하고요. 여름에는 짙은 갈색 털로 옷을 갈아입습니다.

우리나라에는 족제비 1아종이 있지만 일본에는 일

▼ 오른쪽 앞발이에요. 앞발과 뒷발 모두 발가락이 5개로 뒤꿈치못(화살표)이 두드러져 있습니다.

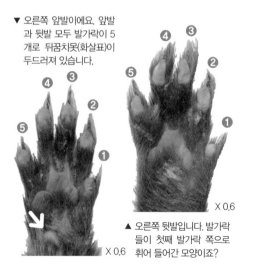

X 0.6

X 0.6

▲ 오른쪽 뒷발입니다. 발가락들이 첫째 발가락 쪽으로 휘어 들어간 모양이죠?

본족제비와 우리나라에서 옮겨간 족제비 2아종이 살고 있습니다.

▲ 하천을 획획 가볍게 뛰어다니는 족제비입니다.

원래 족제비는 논가나 냇가 옆에 굴을 뚫어 놓고 살았는데요. 농지 주변의 길이 콘크리트 도로로 정비되면서 족제비가 굴을 뚫기 어려워졌다고 해요. 그래서 최근에는 주택지나 시궁창 배수구에서 얼굴을 내미는 것을 종종 발견할 수 있습니다. 일본에서는 미국너구리가 들어와, 토종 일본족제비의 터전인 논밭을 차지해 버렸다고 합니다.

🐾 발자국

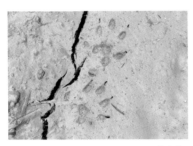
▲ 오른발 자국이에요. 위가 오른쪽 앞발이고 아래가 오른쪽 뒷발이죠. 정말 단풍잎 같죠?

족제비의 발자국은 논두렁과 강기슭 등의 물가에서 볼 수 있습니다. 모양이 꼭 단풍잎을 닮았죠. 앞발과 뒷발 모두 5개의 발가락과 발톱 자국이 남지만, 첫째 발가락은 찍히지 않는 경우도 있습니다.

사람이 사는 지역과 가까운 산에는 족제비와 비슷한 크기의 발자국을 남기는 동물이 달리 없어요. 따라서 이런 낮은 산에서 족제비의 것으로 의심되는 발자국을 발견한다면, 대부분 정답일 거예요. 평소에는 획획 뛰듯이 걸어 다니기 때문에 보행 패턴에는 특징으로 꼽을 만한 것이 없습니다.

▲ 느릿느릿 걷고 있을 때의 보행 패턴입니다.

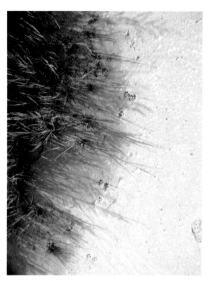

▲ 달려 나갈 때는 이런 보행 패턴을 남긴답니다.

💩 똥

족제비 똥은 족제빗과 특유의 뒤틀린 모양이고 끝 부분이 가늡니다. 똥의 크기는 족제비와 담비를 구별하는 기준이 되는데요. 더 작은 쪽이 족제비의 것입니다. 냄새도 둘을 구분하는 힌트가 됩니다. 오래된 담비의 똥은 방충체 냄새가 나는 것과 달리 족제비의 오래된 똥에서는 윤활유 냄새가 나거든요.

족제비의 똥은 큰 바위 위나 잘린 나무 밑동, 널찍한 장소에서 발견할 수 있습니다. 때로는 너구리처럼 한곳을 화장실로 정해 두고 여러 마리가 함께 배설하는 공간으로 쓰기도 합니다.

똥의 내용물은 계절에 따라 다르지만, 대부분 작은 포유동물의 털, 새의 깃털, 과일의 씨(주로 가을에)가 섞여 있습니다. 헤엄을 잘 치기 때문에 물속에서도 사냥을 잘하는데요. 이때 잡

▼ 사육된 족제비의 똥입니다.
가늘고 길며, 뒤틀려 있습니다.

X 1.0

140

아먹은 물고기의 가시나 비늘이 똥에 섞여 나오는 경우도 있습니다.

족제비는 영역 표시를 위해 똥을 누기도 합니다.

▲ 새를 잡아먹었나 보네요. 깃털이 섞여 있어요.

▲ 가재를 잡아먹고 난 뒤 배설한 똥입니다.

▲ 풀이 듬성듬성해서 눈에 띄는 곳에 족제비가 똥을 누었네요. 이런 곳에 있는 똥은 영역 표시를 위한 것입니다.

먹이 흔적

논이나 연못 주위, 도심의 작은 하천에 가재 발이 너저분하게 널려 있다면, 족제비가 식사를 한 흔적일 가능성이 높습니다. 하지만 왜가리 같은 새들 중에도 가재를 먹는 녀석들이 있어요. 그러니까 가재가 널려 있는 장소를 발견하면 주변을 둘러보며 발자국이나 똥이 떨어져 있지는 않은지 꼭 살펴보도록 하세요.

🐾 사는 곳의 환경

▲ 작은 하천의 구석에서 발견된 가재의 다리입니다.

▲ 최근 족제비는 주택지 근처 하천에서 자주 볼 수 있습니다.

족제비는 본래 가까운 산의 작은 강이나 논처럼 물가에 사는 동물이었습니다. 같은 족제빗과 동물인 담비는 깊은 산을, 족제비는 낮은 산을 골라 사이좋게 살았었죠. 하지만 점점 산에서 먹을 것을 찾기 어려워지면서, 담비가 조금씩 산 아래로 내려왔습니다. 결국 족제비는 원래 살던 곳에서 다른 곳으로 이사를 가야만 했죠.

그래서 새로이 자리를 잡은 곳이 바로 마을 주변의 하천이나 강입니다. 다행히 여기에 먹이가 되는 작은 물고기, 가재, 집쥐가 있었습니다. 아마 족제비는 하천으로 이사 온 뒤로 먹이사슬* 최강자로 군림하고 있을 것입니다.

▶ 하천 주변에서 낮에 모습을 보이는 경우가 많습니다.

하지만 사람들이 사는 곳과 가까운 데에 있는 하천은 생활하수로 인해 오염되어 있거나 수은을 함유하고 있을 가능

▲ 원래는 논이나 하천, 가까운 산의 물가에서 살았었죠.

🔍 **먹이사슬**
생태계 생물들의 먹고 먹히는 관계를 표현하는 말입니다.

성이 높아요. 그래서 족제비가 언제까지 먹이사슬의 정점에 있을 수 있을지는 의문이랍니다.

🔍 호안(護岸)
강과 바다의 기슭, 둑 따위가 무너지지 않도록 만들어 놓은 곳입니다.

🏕 보금자리

민가 주변의 하천에서는 돌담의 틈이나 배수구에 보금자리를 틉니다. 낮은 산지에서는 원래 쥐의 굴이었던 곳을 찾아 넓혀서 이용하죠. 출입구 부분을 보면 밟아 다진 흔적이 보일 거예요.

▲ 호안(護岸)*의 구멍은 족제비에게 보금자리나 통로로 딱 알맞은 크기입니다.

더 알아봐요

📢 족제비도 건들면 냄새를 풍긴다!

족제빗과 동물들은 항문에 강한 냄새를 내뿜는 분비샘이 있습니다. 그래서 족제비도 스컹크처럼 적에게 쫓기게 되면 독한 냄새를 풍기고 달아난다고 알려져 있죠. 하지만 실제로 그런 공격을 당했다는 사람은 없습니다. 다만! 모피 장사꾼들은 족제비의 냄새 때문에 곤혹스럽다고 하는데요. 어찌된 일일까요?

족제비의 모피를 벗길 때 항문 분비샘을 잘못 건드리면, 모피에 진한 냄새가 배어 버린다고 합니다. 족제비 모피는 굉장히 비싼 옷감이기 때문에 나쁜 냄새가 배었다가는 그 가치를 잃어버릴 수 있죠. 그래서 밀렵꾼들은 족제비 모피를 벗길 때 엄청난 정성을 들이지만, 쉽지 않은 작업이라 종종 실수를 한다고 해요.

어쩌면 족제비의 지독한 냄새는 상업적 이익을 위해 동물들을 무참히 죽이는 인간에 대한 최후의 저항일지도 모르겠습니다.

이마에서 코까지 이어진 하얀 털 무늬가 보이나요?

▲ 오소리는 다리가 굵고 전체적으로 다부진 몸을 가졌습니다.

오소리는 민가와 가까운 산에 사는 동물입니다. 주로 지렁이와 같은 토양 생물이나 작은 포유동물을 잡아먹고 살지만, 잡식성이어서 과일도 먹습니다. 언덕처럼 낮은 산에 살며 땅에 굴을 파고 가족이 함께 생활합니다. 본래 11월 하순부터 4월까지 겨울잠을 자는데 따뜻한 지역에 사는 오소리는 겨울잠을 자지 않기도 합니다. 원래 오소리는 너구리와 더불어 적응력과 생명력이 강한 동물로 꼽히는 녀석인데요. 우리나라에서는

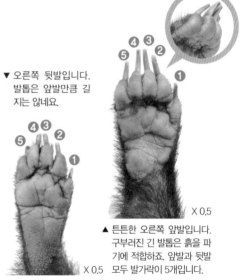

▼ 오른쪽 뒷발입니다. 발톱은 앞발만큼 길지는 않네요.

X 0.5

▲ 튼튼한 오른쪽 앞발입니다. 구부러진 긴 발톱은 흙을 파기에 적합하죠. 앞발과 뒷발 모두 발가락이 5개입니다.

X 0.5

144

좀체 보기 힘듭니다. 주로 산속 깊은 곳에서
살고 있기 때문이죠.

▲ 겨울잠을 자기 전, 많이 먹어서 지방을 축적해 둔 수컷 오소리입니다. 정말 통통하네요.

발자국

오소리의 발자국을 보면 앞발과 뒷발 모두
5개의 발가락이 찍히고, 특히 앞발 자국에
는 기다란 발톱이 뚜렷하게 남습니다. 첫
째 발가락이 다른 4개의 발가락보다 짧아요.
가장 큰 발가락을 기준으로 삼으면 오른발과 왼발을 쉽게 구분할
수 있습니다.

보행 패턴은 사냥꾼 걸음걸이지만, 앞발과 뒷발이 어긋나게
찍히는 경우도 많습니다.

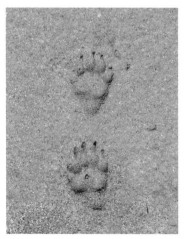

▲ 앞발과 뒷발의 발자국입니다. 위가 오른쪽 뒷발이고, 아래가 오른쪽 앞발이에요.

▲ 겹쳐 찍힌 앞발과 뒷발의 발자국입니다.

▲ 느리게 걷고 있을 때 찍힌 발자국은 앞발과 뒷발이 겹쳐 있지 않습니다. 참고로 오른쪽 맨 위에 있는 발굽 자국은 사슴의 것이랍니다.

145

🐟 먹이 흔적

가장 눈에 띄는 오소리의 필드 사인은 먹이 흔적입니다. 땅을 밥그릇 모양으로 파헤쳐 놓은 독특한 형태죠. 숲에서 땅이 밥그릇처럼 파여 있는 것을 발견한다면, 그곳은 오소리의 식탁일 가능성이 크답니다. 숲길과 조릿대 숲에서 발견할 수 있어요.

밥그릇 모양으로 흔적이 남는 이유는, 오소리가 낙엽이나 흙에 코끝을 박고 지렁이와 같은 토양 생물을 찾기 때문입니다. 코끝으로 원을 그리듯 돌려서 땅을 파낸답니다.

▲ 사진에서 보듯이, 오소리의 먹이 흔적은 밥그릇 모양입니다.

▲ 썩은 나무 아래의 땅을 파낸 흔적(화살표)입니다.

💩 똥

오소리의 똥은 깊은 구멍에서 서너 덩어리를 한꺼번에 발견할 수 있습니다. 이것이 한 마리의 것인지 아니면 가족이 한 장소에 배설한 것인지는 확실하지 않아요.

똥의 모양은 너구리의 것과 비슷하지만 조금 더 묵직한 느낌이 듭니다. 토양 생물을 많이 먹은 후에 배설한 똥은 물러서 형태가 명확하게 남지 않습니다. 오소리 똥에서는 가끔 흙 냄새가 강하게 나는 경우가 있는데요. 풀이나 식물을 먹을 때 흙도 같이 먹어서 그런 것입니다. 지역에 따라 너구리처럼 한곳에 똥을 모아 싸는 오소리도 있습니다.

▶ 감 씨가 들어 있는 똥입니다. 흙을 많이 함유하고 있어 만져 보면 도자기처럼 딱딱하고 무겁습니다.

X 0.6

▲ 오소리의 똥 모은 장소입니다. 갓 눈 똥도 있네요.

X 0.6

▲ 사육된 오소리의 똥입니다. 눈 지 얼마 안 되었군요.

▲ 주택가 근처의 정원에 오소리가 똥을 누었네요. 오래된 것 같죠?

▲ 오소리는 보금자리 가까이에 깊은 굴을 파고 그 안에 똥을 눕니다. 말하자면 '여기가 내 집이다' 하는 문패 역할을 하는 것이죠.

147

🔍 **식림(植林)**

새로운 숲을 만들거나 또는 원래 있던 숲을 손질하고 다시 살리는 과정을 통해 인조적으로 만들어진 숲을 말합니다.

🏠 보금자리

▲ 보금자리의 출입구(화살표)는 오소리의 체형에 딱 맞게 가로로 길답니다.

오소리의 보금자리는 여러 개의 굴이 모여 있는 형태입니다.

보금자리는 주로 식림*이나 잡목림의 가장자리, 조릿대 숲의 제방, 나무뿌리 등에서 발견됩니다. 굴 하나만 찾으면 그 언저리에서 비슷한 구멍 몇 개를 발견할 수 있을 거예요.

규모가 크지 않은 보금자리라도 적어도 4개에서 6개의 구멍이 뚫려 있습니다. 지금까지 발견된 오소리의 보금자리 중 가장 규모가 컸던 것은 구멍의 수가 50개를 넘었습니다. 이것은 한 마리가 혼자 만든 것이 아니라, 한 가족이 몇 세대에 걸쳐서 이룬 것이죠.

▲ 보금자리 출입구(화살표)가 30개 이상이나 되는 대규모 샤토입니다.

출입구는 오소리의 몸에 딱 맞게 가로로 긴 형태입니다. 굴 안에는 풀을 뽑아 이불을 만든 흔적이 있죠. 구마가이 사토시 선생님이 시험 삼아 오소리 보금자리 가까이에 짚단을 가져다 놓았던 적이 있었는데, 오소리가 몰래 나와서는 짚단을 가지고 다시 들어갔다고 하네요.

대나무 숲에 만들어진 오소리의 보금자리입니다.

오소리는 앞발로 굴을 파 들어갔다가 어느 정도 굴을 깊어지면, 뒤로 돌아 쌓여 있는 흙을 밖으로 밀어냅니다. 그래서 오소리 굴의 출입구에는 흙을 밀어낸 흔적이 도랑* 모양으로 남아 있습니다. 이 도랑은 오소리의 보금자리인지 아닌지를 판단하는 아주 중요한 힌트가 된답니다.

▲ 보금자리에서 길게 뻗은 액세스 트렌치예요. 굴 안에서 흙을 밀어내는 오소리가 보이나요?

🔍 **도랑**
매우 좁고 작은 개울을 말해요.

149

수달

머리·몸 길이 60~80cm
꼬리 길이 40~60cm
체중 5~12.5kg

나는 천연기념물
수달입니다.

▼ 뒷발을 펼쳐 본
모습입니다.

※ 이 책에 실린 수달 사진은 모두 유라시아수달이에요. 또한 70 페이지의 사육 수달과 발바닥 사진을 제외한 야외 사진은 우리나라에서 촬영한 것입니다.

▲ 몸통은 길쭉하며, 꼬리는 굵고 깁니다. 정수리 부분은 평평하죠.

옛날에는 물가에서 흔히 수달을 볼 수 있었습니다. 그러나 지금은 좀처럼 찾을 수 없죠. 수달이 사라진 가장 큰 원인은 수질 오염입니다. 원래 수달은 깨끗한 물에서 물고기와 조개를 먹고 사는데, 갈수록 수질 오염이 심각해지면서 살아갈 곳과 먹이를 잃은 것이죠. 요새는 수달과 비슷한 서식 환경을 가진 뉴트리아나 밍크, 사향고양이를 수달로 오인하는 사례가 많다고 합니다.

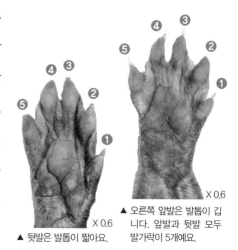

X 0.6

▲ 뒷발은 발톱이 짧아요.

X 0.6

▲ 오른쪽 앞발은 발톱이 깁니다. 앞발과 뒷발 모두 발가락이 5개예요.

150

우리나라 수달은 제주도와 울릉도 등 먼 섬 지방을 제외한 전국 곳곳에서 살고 있어요. 주로 내륙 지방의 하천이나, 호수, 댐 주변에 살며 바닷가에서도 살고 있죠. 비교적 물이 깨끗한 강원도의 하천 지역과 섬진강 상류, 남강의 한 지류인 경호강 등에서는 더욱 많이 발견된답니다.

▲ 물속을 자유롭게 헤엄치는 수달입니다.

하지만 요즘은 개체 수가 날로 줄어들고 있습니다. 그래서 우리나라는 수달을 천연기념물 제330호로 지정하여 보호하고 있죠. 더 이상 우리 땅에서 수달이 사라져가는 것을 두고 볼 수 없었던 것입니다.

일본에는 현재 수달이 없습니다. 모두 멸종했죠. 일본의 한 연구자는 "일본에서 수달은 1980년대에 멸종했다"라고 주장하기도 했습니다.

이 책에 실린 수달의 정보와 자료는 구마가이 사토시 선생님이 20년에 걸쳐서 우리나라와 사할린, 캐나다 등지에서 조사한 것을 바탕으로 정리한 것입니다. 특히 구마가이 선생님은 우리나라를 10여 차례 방문하였고, 지금도 국립생물자원관의 한상훈 박사님과 공동 조사를 함께하고 있답니다.

🐾 발자국

앞발과 뒷발 모두 5개의 발가락 자국이 남으며, 발톱 자국은 잘 남지 않습니다. 아마 수영을 할 때 물을 뒷발로 차면서 발톱이 닳아 줄어

▲ 꼬리의 자국이 남은 희귀한 발자국입니다.

든 것 같습니다. 앞발은 발가락을 펼치고 걷기 때문에 뚜렷한 물갈퀴 자국이 남습니다. 달릴 때 발자국을 보면 앞발과 뒷발이 다른데, 앞발은 뒤꿈치못이 남는 경우도 있으나 뒷발은 발 끝부분만 남는 경우가 많습니다.

수달은 몸체가 길어서 앞발과 뒷발의 발자국이 각각 나란히 찍힙니다. 그러나 달릴 때는 다른 동물과 마찬가지로 발자국이 지그재그식으로 찍힌답니다.

▲ 수달의 보행 패턴입니다. 강기슭의 발자국은 상류를 향해 가는 경우가 많습니다. 강물이 거세서 거슬러 헤엄치기가 힘들면, 땅으로 올라와 걸어가는 것이죠.

▲ 앞발 자국과 뒷발 자국이에요. 아래가 앞발, 위가 뒷발입니다. 알아볼 수 있겠죠?

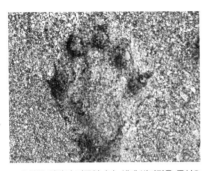

▲ 오른쪽 앞발의 자국입니다. 셋째 발가락을 중심으로 깨끗한 반원을 이루고 있죠. 뒤꿈치못 자국이 크게 찍힙니다.

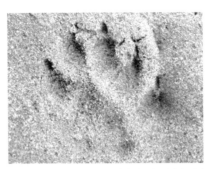

▲ 오른쪽 뒷발 자국입니다. 발바닥못이 절반만 찍히며, 발가락이 한쪽 방향 향하고 있습니다.

🔍 **시가(cigar)**

담배를 만들 때는 원래 담뱃잎을 썰어야 하는데, 그러지 않고 잎을 통째로 돌돌 말아서 만든 담배를 시가라고 합니다. 다른 말로는 '엽궐련(葉卷煙), 여송연(呂宋煙)'이라고도 하죠.

🔍 **펠릿(pellet)**

동물이 먹이를 먹고 소화되지 않은 뼈나 털을 토해낸 덩어리를 일컫습니다.

💩 똥

수달의 똥은 세력을 나타내는 역할이 있으며, 바위 모서리나 휴식처, 잠자리 등에서 발견됩니다. 수달 여러 마리가 한 장소에 배설하여 만들어진 똥 무더기를 발견할 수도 있습니다.

형태는 시가*와 비슷합니다. 물고기를 주식으로 먹기 때문에 똥의 내용물에도 어류의 가시가 들어 있습니다. 언뜻 보면, 새가 어류를 먹고 뱉어낸 펠릿*처럼 보이기도 하죠. 다른 포유동물의 똥처럼 둥글게 덩어리가 진 부분이 거의 없고 말린 물고기 냄새가 납니다.

계절에 따라서는 게 껍데기, 개구리 뼈, 새의 깃털, 민물고기에 기생하는 기생충 등이 들어 있습니다.

수달은 모래를 엉망으로 할퀴는 습성이 있는데요. 이것은 자신만의 흙더미를 만들거나 자신의 영역을 표시할 때, 아니면 다른 수달이 만들어 놓은 흙더미가 마음에 들지 않아 무너뜨릴 때 하는 행동입니다. 이 주변으로 널브러진 수달의 똥을 발견할 수 있습니다.

🔍 타르(tar)

목재, 석탄, 석유를 휘발성 물질과 비휘발성 물질로 나누거나 증류시킬 때 생기는 검고 끈끈한 액체를 통틀어 이르는 말입니다.

▲ 돌 모서리에 남아 있는 시가 모양의 똥입니다.

▲ 어류의 가시나 비늘이 가득합니다. 때로 개구리와 갑각류의 껍데기가 섞여 나오기도 해요.

▲ 영역 표시를 하기 위해서 모래나 풀로 흙더미를 쌓아올리고 그 위에 배설한 것입니다. 계절에 따라 흙더미의 수가 달라지는데, 아마도 수달 새끼가 독립하는 것과 관계가 있는 것으로 보입니다.

▲ 수달의 똥 중에 타르* 변이라고 부르는 것입니다. 짙은 검은색을 띠는데 이것이 똥인지 아닌지는 사실 의문이랍니다. 타르 변은 영역 표시의 기능도 있습니다. 배설된 지 얼마 안 된 것은 희고 탁한 황록색을 띠지만, 2~3일이 지나면 짙은 검은색이 됩니다.

🐟 먹이 흔적

수달의 먹이 흔적은 '수달의 제사'라고 부르기도 합니다. 왜냐고요? 잡은 물고기를 언덕에 나란히 늘어놓은 모양이 마치 제사를 지내는 것 같아서기 때문이죠. 하지만 그렇게 늘어놓은 물고기는 먹지 않고 가 버립니다. 수달이 정말 이런 행동을 하는지에 대해서는 연구자 선생님들 사이에서 의문이 있었는데요. 우리나라에서 실제로 관찰되었다고 하네요.

🏠 보금자리

▲ 화살표가 가리키고 있는 곳이 보금자리입니다.

▲ 덤불 속을 돌아다니는 수달의 모습입니다.

강의 상류에서 몸을 피할 수 있는 장소, 큰 돌 밑의 그늘, 바위틈에서 수달의 보금자리를 발견할 수 있습니다. 무너진 콘크리트 호안이나 다리의 잔해와 같은 인공 구조물에서도 발견할 수 있죠.

수달의 보금자리는 번식을 위한 굴입니다. 이 굴은 강기슭에서 떨어진 산속에 있을 것이라고 생각되지만, 우리나라의 연구자 선생님들도 아직 본 적이 없다고 해요. 다만, 우리나라의 댐 주변 호수에서 '수달의 보금자리가 아닐까?' 의심되는 굴이 발견된 적은 있다고 합니다. 그 굴은 호수 수면을 기준으로 경사각이 70°나 되는 절벽의 20m 위에 위치해 있었고, 그곳에는 수달의 똥이 쌓여 있었다고 합니다. 실제로 수달이 이 절벽을 짧은 다리로 오르는 것을 목격한 사람도 있었죠. 수달은 다른 하천으로 이사할 때, 하천 상류의 높은 언덕을 넘기도 하니 놀랄 일은 아니랍니다.

▲ 돌 밑 틈새에서 발견된 수달의 휴식처입니다.

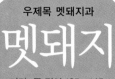

우제목 멧돼지과

멧돼지

머리·몸 길이 125~145cm
어깨 높이 60~80cm
꼬리 길이 23cm
체중 50~100kg

내 이빨은
평생 동안 계속 자란답니다.

▲ 멧돼지는 원반 모양의 코가 특징입니다. 후각이 아주 뛰어나죠.

멧돼지는 산지에 살고 있는 잡식성 포유동물입니다. 튼튼한 코로 땅을 파서 식물의 뿌리나 줄기를 먹고 쥐도 잡아먹습니다. 수컷 멧돼지는 홀로 생활하지만 암컷은 새끼를 거느리고 집단생활을 합니다.

우리나라에는 멧돼지 1종이 있고요. 일본에는 2아종이 있는데요. 혼슈와 규슈에는 일본멧돼지가 살고 있고, 오키나와 도서 지역에 몸집이 작은 류큐멧돼지가 살고 있습니다.

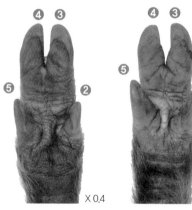

X 0.4

X 0.4

▲ 오른쪽 앞발입니다. 바깥쪽 부속 발굽이 조금 더 발달해 있습니다.

▲ 오른쪽 뒷발 모습입니다.

뉴스를 보다 보면, 멧돼지가 도심에 나타났다는 소식을 가끔 접하게 됩니다. 농가에서는 멧돼지가 농사를 망치는 일도 부지기수라고 하는데요. 이처럼 우리나라는 지금 '멧돼지와의 전쟁'을 치르고 있다고 할 만큼 멧돼지 문제로 몸살을 앓고 있습니다. 이런 상황은 호랑이나 표범 같은 대형 육식 동물이 차츰 사라지면서 멧돼지가 많

▲ 여름에 만난 멧돼지입니다. 홀쭉해 보이네요.

아진 것이 원인이죠. 나라에서는 손 쓸 수 없을 정도로 불어난 멧돼지를 두고만 볼 수 없어 여러 가지 방법으로 포획하고 있답니다.

만약 산이나 논밭에서 멧돼지를 만났을 때는, 괜히 덤비지 말고 얼른 신고를 한 뒤 몸을 피하는 게 좋습니다. 성질 급한 멧돼지가 공격해 올 수도 있기 때문입니다.

🐚 사는 곳의 환경

▲ 농작물을 멧돼지로부터 지키기 위해 울타리를 쳐 둔 논이에요.

본래 야생 동물은 사람들이 일부러 가꾸어 놓은 식림에 잘 살지 않습니다. 그러나 멧돼지는 이런 식림에서 주로 살았죠. 최근에는 사람이 사는 마을에까지도 나타나고 있는데요. 아마도 산림이 황폐해지고, 낮은 산은 다 깎여 집이 들어선

탓에 멧돼지가 보금자리를 틀고 살 만한 안락한 환경이 사라져 버린 것이 원인이겠죠.

🐾 발자국

▶ 오른쪽 앞발입니다. 부속 발굽의 위치가 땅에 거의 닿아 있죠.

▲ 진흙에 남은 발자국이에요. 부속 발굽의 흔적이 확실하게 보입니다.

사슴이나 일본산양과 비교해 부속 발굽의 위치가 낮은 편이라, 발자국에 부속 발굽 자국이 남는 경우가 많습니다. 만약 발굽 자국을 발견했는데 부속 발굽이 비교적 선명하게 남아 있다면 멧돼지의 것이라고 봐도 됩니다. 단, 바닥 상태가 고르지 않으면 부속 발굽 자국과 중심 발굽 자국이 겹쳐져 남기도 하니 주의해야 합니다.

▲ 벌어진 부속 발굽의 흔적이 남아 있습니다(화살표).

▲ 눈이 많이 쌓인 길에 남은 멧돼지의 보행 패턴입니다. 다리가 짧아 배가 눈에 닿아 스쳐서 도랑 자국이 남았군요.

🐟 먹이 흔적

멧돼지는 야단스럽게 파헤친 먹이 흔적을 남깁니다. 농사를 짓고 있지 않은 논밭이나 대나무 숲 등에서 발견할 수 있습니다. 물가를 돌아다니며 큰 돌 밑에 숨어 있는 갑각류를 잡아먹기도 하는데, 이 흔적은 멧돼지를 찾는 중요한 실마리가 됩니다.

▼ 개천에서 돌을 부수고 파헤치며 무늬발게를 잡아 먹은 흔적입니다.

▲▼ 왕가래나무 열매를 으깨 먹은 흔적입니다. 옆에 똥도 보이네요.

▲ 아직 농사를 짓지 않은 밭에서 토양 생물을 잡아 먹은 흔적입니다.

▲ 코로 땅을 헤집은 흔적입니다.

▲ 신갈나무*의 도토리를 먹고 남긴 찌꺼기예요.

▲ 멧돼지가 칡뿌리를 파먹었네요. 포크레인으로 파헤친 것처럼 흔적이 크게 남았습니다.

▲ 버섯을 먹은 흔적입니다. 근처에 벗겨진 버섯 껍질이 흩어져 있습니다.

🔍 **신갈나무**

참나뭇과의 활엽수로, 높이는 약 30m, 잎은 달걀 모양입니다. 우리나라와 중국 북부 지방, 시베리아 동부, 일본에서 자라고 있습니다.

▲ 숲길에서 먹이를 찾은 흔적이에요.

▲ 호박을 먹은 흔적입니다. 멧돼지의 습격 때문에 농민들은 고민이 많다고 하죠.

160

🐗 지나다니는 길

멧돼지가 지나다닌 길은 마치 등산길처럼 생겼습니다. 멧돼지가 밟아서 다진 모양이죠. 사슴이나 산양이 다닌 길과 흡사해요. 만약 밟아 다져져 길이 난 곳을 발견했다면 가까이에 진흙탕이 있는지, 길옆에 자라난 풀에 진흙이 묻어 있지는 않은지 꼭 살펴보세요. 멧돼지는 진흙 목욕을 좋아하기 때문에 지나간 자리에 진흙을 남기고 가거든요.

▲ 멧돼지가 작은 연못을 가로질러 간 흔적입니다. 옆에 있던 이파리에 진흙을 묻히고 갔네요.

▲ 뒷산과 논 사이에 생긴 멧돼지의 길입니다.

🛁 목욕하는 곳

멧돼지는 진흙탕에서 마구 뒹굴며 몸에 붙어 있는 기생충을 떨어냅니다. 필드 워크를 나갔을 때 진흙이 심하게 파헤쳐지고 여기저기 튀어 있다면 그곳이 바로 멧돼지의 목욕 장소랍니다.

진흙으로 한바탕 몸을 씻고 난 뒤에는 가까이에 있는 나무나 바위에 몸을 문대 진흙을 닦습

◀ 멧돼지 털은 끝이 세 갈래로 갈라져 있어요.

니다. 그때 진흙과 함께 털이 빠질 수도 있죠. 만약 멧돼지가 목욕하는 장소를 발견했다면 근처를 둘러보세요. 바위나 나무 밑에 멧돼지의 털이 떨어져 있을지도 모르니까요.

▲ 나무에 대고 몸을 비빈 흔적입니다. 사슴과 비교해 다소 낮은 위치에서 발견할 수 있습니다.

🐗 똥

똥은 목욕하는 곳의 주변이나 숲 속, 먹이 흔적이 있는 장소 등에서 발견할 수 있습니다. 모양은 빨갛고 동그란 똥이 덩어리로 되어 있는 것, 형태가 없이 뭉그러져 있는 것, 일본원숭이의 똥을 닮은 것까지 다양합니다. 잡식성 동물들의 똥이 원래 특징을 찾기가 어려워요. 또 먹은 것과 계절에 따라 똥의 모양이 많이 달라지기도 하고요.

X 0.5

▲ 사육된 멧돼지의 덩어리 똥이에요.

🔍 **노송나무**
측백나뭇과의 상록수예요. 30~40m까지 자라고 4월에 꽃이 피고 10월에 열매가 익는답니다. 일본 특산종으로 우리나라 남부 지방에서 인공으로 재배하고 있어요.

▲ 여름, 초록 빛깔을 내는 멧돼지의 똥을 발견했습니다. 초록색을 띠는 이유는 노송나무*의 잎을 많이 함유하고 있기 때문이지요.

X 0.5

▲ 왕가래나무 열매의 껍데기가 많이 들어 있는 이른 봄의 멧돼지 똥입니다.

암컷 멧돼지는 새끼들과 함께 무리 지어 사는데, 이 무리가 사는 곳에는 여러 마리가 한곳에 똥을 배설한 흔적이 있습니다. 그리고 얕은 여울에서 멧돼지의 똥이 발견되는 경우도 있는데요. 이를 두고 '멧돼지는 수세식 화장실을 사용한다'라고 말하는 연구자 선생님도 있답니다.

▲ 마른 풀을 깔아서 침대를 만들어 두었네요.

🏠 보금자리

멧돼지의 보금자리는 땅 위에 조릿대나 참억새로 만든 지붕을 덮은 모양입니다. 마치 어린아이들의 비밀 기지처럼 보이죠. 그렇다고 멧돼지 보금자리에서 놀면 안 됩니다. 진드기가 많거든요.

지역에 따라 보금자리 안에 조릿대 잎을 바닥에 놓아 둔 흔적을 발견할 수 있습니다. 아마도 침대를 만들어 둔 것이겠죠?

🐗 엄니를 간 흔적

▲ 삼나무에 엄니를 간 흔적입니다.

멧돼지는 뾰족한 송곳니가 입 밖으로 튀어나와 있습니다. 이 송곳니는 '엄니'라고 부르는, 포유동물들이 가진 크고 날카로운 이빨입니다. 멧돼지는 나무에 엄니를 가는 습성이 있는데요. 그중 소나무에 엄니를 가는 경우는 송진을 털에 바르기 위해서랍니다. 송진은 털을 딱딱하게 만들어 주죠. 그래서 '멧돼지의 털은 해가 지날수록 딱딱해져서 대포알도 통과하지 못한다'는 말도 있습니다.

163

사슴

머리·몸 길이 90～190cm
어깨 높이 60～130cm
꼬리 길이 11～13cm
체중 25～130kg

내 뿔이 몇 개로 갈라지는지는
나도 알 수 없어요.
나이와 사는 지역에 따라
다르거든요.

▲ 뿔이 갈라진 수컷 사슴입니다. 태어난 지 2～3년이 지나고부터 이렇게 뿔이 갈라지기 시작한답니다.

사슴은 본래 초원에 사는 동물입니다. 그러나 일본의 사슴들은 삼나무와 노송나무가 있는 조림 지역에 서식하고 있습니다. 주로 풀밭, 들판, 벌채지, 논밭에서 모습을 드러냅니다. 여름이 되면 사슴의 털은 얼룩진 무늬가 되는데요. 풀숲에 숨으면 나뭇잎 사이로 새어드는 햇빛과 뒤섞여 천적으로부터 숨을 수 있게 해 주죠. 하지만 우리가 보기에는 풀과 주황색의 사슴 털이 대비가 되어서 오히려 더 잘 찾을 수 있습니다. 겨울에는

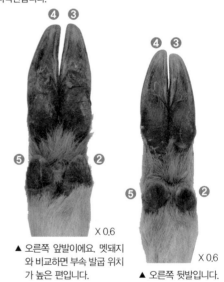

X 0.6

▲ 오른쪽 앞발이에요. 멧돼지와 비교하면 부속 발굽 위치가 높은 편입니다.

X 0.6

▲ 오른쪽 뒷발입니다.

회갈색 털로 옷을 갈아 입는답니다.

사실 '사슴'이라는 이름은 사슴과의 동물을 통칭하는 말이에요. 사슴과는 2아과*로 나뉘는데 사향사슴과에 1속 4아종이, 사슴아과에 14속 184아종이 있죠. 사슴은 전 세계에 어디에나 살고 있습니다.

우리나라에서 '꽃사슴'으로 불리는 사슴과 일본의 사슴은 같은 종이에요. 100년 전

▲ 사람을 경계하는 어미와 새끼 사슴이에요. 도망갈 때에는 꼬리 부분의 흰 얼룩을 잘 볼 수 있죠

까지만 해도 우리나라에는 제주도를 포함해 전국에 수많은 사슴이 살고 있었습니다. 하지만 일제강점기 때 일본이 마구잡이로 사슴을 잡아 버렸고, 1940년대에 멸종하고 말았죠. 현재 북한의 산림 지대에서만 아주 적은 수가 살고 있습니다. 일본에는 홋카이도(北海島)에서 일본 남부 게라마 제도(慶良間諸島)까지 7아종의 사슴이 살고 있고요. 남쪽으로 내려갈수록 몸집이 작아지는 경향이 있습니다.

🔍 **아과(亞科)**
생물을 분류하는 이름 앞에서 보았죠? 아과는 그 분류 중에서 '과'와 '속' 사이에 들어가는 분류 체계입니다.

▲ 뿔(화살표)이 자라기 시작할 때의 모습입니다.

▲ 늦여름의 어린 뿔이에요. 아직은 부드러운 편이고, 혈관이 지나고 있습니다.

▲ 사슴은 여름에 얼룩무늬가 생겨납니다. 어미와 새끼 사슴인데, 참 예쁘죠?

165

우리나라를 비롯한 동아시아에서는 사슴의 뿔(녹용)과 피(녹혈)를 보양식으로 먹고 있습니다. 텔레비전을 보다 보면 건강식품이라는 소개 문구와 함께 녹용과 녹혈을 광고하는 것을 자주 볼 수 있죠. 하지만 사슴의 생피를 잘못 마시면 기생충에 감염될 수 있고 심하면 생명까지 잃을 수 있으니 조심하는 것이 좋아요.

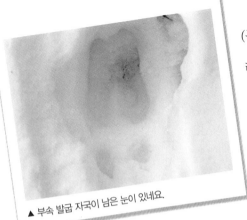
▲ 부속 발굽 자국이 남은 눈이 있네요.

🐾 발자국

부속 발굽이 땅에 닿지 않는 위치에 있어서, 깊은 진흙땅이나 눈길이 아니면 부속 발굽은 자국이 남지 않고 반원 모양의 중심 발굽만 찍힙니다.

앞발과 뒷발을 구분할 때는 중심 발굽을 보면 됩니다. 중심 발굽 사이가 더 멀리 벌어진 발자국이 앞발이거든요.

시기에 따라 다르기는 하지만 사슴은 대체로 무리지어 이동하기 때문에 여러 마리의 사슴 발자국을 동시에 발견할 수 있습니다.

▲ 깊은 모래 위에서야 비로소 부속 발굽이 찍혔네요.

▲ 얕은 모래에 남은 발자국인데요. 부속 발굽 자국은 보이지 않습니다.

▲ 눈 위에 남은 사슴의 보행 패턴입니다.

▲ 하천 바닥에 남은 보행 패턴입니다.

🐟 먹이 흔적

사슴의 앞니는 아래턱에만 있고요. 위턱에는 이빨 대신 딱딱한 잇몸이 있습니다. 아래턱의 앞니가 부엌칼이라면 위턱의 잇몸이 도마 역할을 하는 것입니다. 그래서 사슴이 풀이나 작은 가지를 물어뜯어 먹은 흔적은 까끌까끌한 모양이죠. 아랫니와 윗입술로 김치를 베어 먹어 보면 어떤 모양인지 확실히 알 수 있을 거예요.

▲ 붉은단풍나무의 겨울눈을 뜯어 먹은 흔적입니다. 먹을 것이 없는 겨울에는 겨울눈도 잘 먹습니다.

▲ 사슴들이 한밤에 풀을 뜯어 먹고 있네요.

167

▲ 사슴이 붉은단풍나무를 갉아 먹은 곳에서 찾은 나무껍질 조각입니다.

▲ 조릿대류를 먹은 흔적이에요. 잘린 단면이 깔끔하지 않고 거칠죠?

▲ 붉은단풍나무의 껍질을 먹은 흔적입니다. 이빨 자국이 세로로 남아 있습니다.

▲ 볏과 초목을 뜯어 먹었네요. 마치 손으로 잡아 뜯은 것처럼 보입니다.

🐗 지나다니는 길

사슴이 지나다니는 길은 비교적 개방된 공간에서 발견할 수 있습니다. 그래서 관찰을 할 때 허리를 숙이거나 걷기 힘들 일은 없답니다. 오히려 풀이 빽빽하게 자란 곳을 더듬어 가다가 사슴이 지나간 길을 찾으면, 확 뚫린 고속도로를 만난 기분이 들 거예요.

▲ 덤불에 생긴 사슴의 길입니다.

🐾 똥

발자국이나 사슴 길 위에 똥이 후드득후드득 떨어져 있다면, 그것이 바로 사슴의 똥입니다. 똥을 자세히 관찰해 보면, 표면에 마치 새끼를 꼰 것처럼 울룩불룩한 부늬가 나 있습니다.

하지만 항상 이런 모양의 똥을 누는 것은 아니에요. 때로는 한 장소에 수십 개의 까만 알갱이 똥을 누기도 합니다. 똥의 크기와 모양이 수시로 달라지기 때문에 생긴 것만 보고 섣불리 '이건 사슴의 똥이다'라고 단정해서는 안 됩니다. 반드시 다른 필드 사인을 추적해 보면서 더 많은 단서를 찾아보세요.

▼ 사슴은 알갱이 똥이 아닌 덩어리 똥을 배설하기도 합니다.

X 0.6

▲ 한 장소에 수십 알갱이의 똥을 배설했네요.

X 0.6

▲ 사슴의 똥 중에는 산양의 똥과 비슷하게 생긴 것도 있습니다.

🛁 목욕하는 곳

▲ 사슴이 목욕한 자리를 에워싼 삼나무예요. 나무 껍질에 진흙이 잔뜩 묻어 있습니다.

사슴은 멧돼지와 마찬가지로 몸에 붙은 기생충을 떨어뜨리기 위해 목욕을 합니다. 가까이에 폭포가 있는 진흙땅에서 목욕을 하거나 마땅한 곳이 없으면 자신의 오줌으로 여러 차례 땅을 다져서 목욕탕을 마련하죠. 오줌으로 진흙 목욕을 하는 것은 짝짓기 철에 무리에서 홀로 떨어진 수컷으로, 이 녀석이 만든 목욕탕은 먼지로 뒤덮여 매우 더럽고 묘한 냄새가 납니다.

사슴이 목욕한 자리를 자세히 보면 진흙에 털이 스친 흔적이 남아 있습니다. 가까운 숲의 나무껍질을 수건 삼아 몸을 닦으니까, 근처 나무도 한번 살펴보도록 하세요.

▶ 자세히 보면 털의 흔적이 보이죠?

▲ 계곡 사이의 물웅덩이에서 사슴이 목욕을 하고 갔네요.

🦌 사슴의 무대

'사슴의 무대'라는 것은 사슴이 휴식을 취하는 장
소입니다. 뿔이나 발굽을 이용해 흙을 정리하여 넓
은 터를 만든 것이죠. 크기는 사방으로 약 3m 정
도 됩니다. 주로 산의 비탈 부분에서 발견할 수
있습니다.

◀ 사슴의 무대 근처에 똥이
흩어져 있었습니다.

▲ 삼나무 숲 안에 사슴이 무대를 만들어 두었네요.

사슴의 무대를 유심히 관찰하면 땅 바닥에 사
슴이 몸을 누였던 흔적을 발견할 수 있는데요.
사슴이 어느 쪽으로 머리를 두고 있었는지 알 수 있을 만큼 뚜
렷하게 남아 있답니다. 특이하고 입체적인 필드 사인이기 때문에 초
보 관찰자들에게는 가장 흥미로운 장소가 될 것입니다.

📢 울음소리

'에에에~' 사슴은 천적이 다가오는 것을 느꼈을 때 울음소리로 주변
에 위험을 알립니다. 얼핏 들으면 염소의 울음소리처럼 들리기도 하
죠. 사슴의 울음소리는 풀피리로 똑같이 흉내 낼 수 있는데요. 실제
로 풀피리 소리를 듣고 다가오는 사슴도 있었답니다.

초가을 짝짓기 때가 되면 수컷 사슴은 '부웅~ 베에~' 하는 굵직한
울음소리를 냅니다. 짝을 애타게 기다리는 외로운 수컷의 부름인 것
이죠. 이 소리를 사람이 흉내 내는 대회도 있다고 하네요.

더 알아봐요

📢 풀피리로 사슴을 불러 보세요!

아래 방법에 따라 풀피리를 만들어 불면, 사슴이 대답해 올 것입니다.

❶ 볏과 식물같이 잎이 가는 풀을 고릅니다.

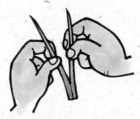

❷ 잎맥을 따라 한가운데를 반으로 나누어 자르세요.

❸ 양손의 엄지손가락 사이에 끼고 잡아당깁니다.

❹ 화살표 부분을 세게 붑니다.

🪓 뿔 간 흔적

수컷 사슴은 어린 뿔 자루를 깨뜨리거나 뿔을 연마하기 위해 나무에 뿔을 가는 습성이 있습니다. 이때 나무에 남은 흔적은 사슴만의 필드 사인이 됩니다.

사슴은 목을 높이 들고 뿔을 갈기 때

▲ 삼나무의 나무껍질이 다 떨어질 정도로 세게 뿔을 문질렀네요.

문에 꽤 높은 곳에까지 흔적이 남습니다. 때로는 어른 키만큼 높은 곳에서 뿔 간 흔적을 발견할 수도 있죠. 사슴이 뿔을 간 자리를 잘 살펴보면 나무 껍질 사이에 어린 뿔의 껍데기가 끼어 있는 것을 볼 수도 있습니다.

▲ 이른 봄 들판에 떨어져 있는 뿔을 발견했어요. 근사하죠?

🦌 떨어진 뿔

▲ 갓 떨어진 뿔은 단면에 피가 배어 있습니다.

사슴의 뿔은 4월 하순부터 6월을 지나는 중에 빠져 버립니다. 운이 좋으면 주울 수도 있겠죠? 가끔은 뿔 끝이 들쥐에게 갉아 먹혀 있기도 합니다. 들쥐는 사슴의 뿔로 칼슘을 보충하거든요.

더 알아봐요

📣 초롱초롱 사슴 눈망울

모가지가 길어서 슬픈 짐승이여 / 언제나 점잖은 편 말이 없구나 / 관이 향기로운 너는 / 무척 높은 족속이었나 보다

이 시는 노천명 시인의 〈사슴〉이라는 시입니다. 이 시에서 사슴은 고고하고 우아한 이미지를 풍기죠. 사슴은 대개 예쁘고 우아한 사람을 비유할 때 자주 등장하는 동물입니다. 특히 초롱초롱하고 큰 눈망울을 표현할 때는 어김없이 '사슴 눈망울'이라는 표현이 붙죠. 또한 예전부터 사슴은 신성한 동물로 여겨졌습니다. 십장생*의 하나로 꼽히며 불로장생*을 상징하였고, 고구려 동명성왕의 개국 신화에서는 사슴이 지상과 천상을 연결하는 동물로 등장하고 있답니다.

🔍 **십장생(十長生)**
죽지 않고 오래도록 사는 것들 10가지를 이르는 말로 여기에는 해, 산, 물, 돌, 구름, 소나무, 불로초, 거북, 학, 사슴이 있습니다.

🔍 **불로장생(不老長生)**
늙지 않고 오래 산다는 의미입니다.

173

첨서목 두더짓과
두더지
머리·몸 길이 12~16cm
꼬리 길이 1.4~2.2cm
체중 48~127g

제 털은 벨벳처럼
부드럽답니다.

▲ 눈은 매우 작고 거의 털로 덮여 있습니다.

두더지는 초지, 농경지, 산지를 가리지 않고 넓은 지역에 걸쳐 살고 있습니다. 지하 생활에 잘 적응했기 때문에, 땅속을 자유자재로 다니며 지렁이와 곤충 등 토양 생물을 잡아먹습니다.

두더지 몸에는 짧고 빽빽한 털이 나 있는데요. 흙이나 오염물이 잘 붙지 않습니다. 덕분에 땅속 생활에 잘 적응할 수 있었죠. 큰 앞발과 긴 발톱도 땅을 파는 데

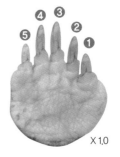

X 1.0

▲ 오른쪽 앞발입니다. 흙 파기에 적합한 야구 글러브 모양이죠. 앞발과 뒷발 모두 5개의 발가락이 있습니다.

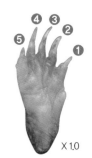

X 1.0

▲ 오른쪽 뒷발입니다. 길이는 대략 1.7~2.4cm입니다.

유리합니다. 몸통은 전체적으로 원통 모양이고요.
주둥이는 길고 뾰족합니다. 눈이 굉장히 작아서
잘 보이지 않죠.

우리나라 전국에서 흔하게 볼 수 있지만 울
릉도와 제주도에는 살지 않습니다.

두더지와 관련하여 ≪삼국사기(三國史
記)≫에 재미있는 이야기가 실려 있는데요.
고구려본기 보장왕 27년조에 대한 기록에 '낭호[*]

▲ 두더지는 후각이 예리하고 수염으로는 외부를 감지한답니다.

들이 성으로 드나들고 두더지는 방에 구멍을 뚫고 인심이 소란하니,
이런 징조로 미루어 다시 일어서지 못할 것입니다'라는 부분이 있습
니다. 예전 우리 조상님들은 두더지가 방에 구멍을 뚫는 것을 나라가
망하는 조짐으로 해석하셨던 거죠.

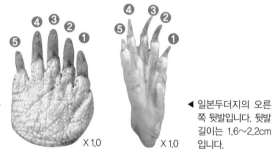

▶ 일본두더지의 오른
쪽 앞발이에요.

◀ 일본두더지의 오른
쪽 뒷발입니다. 뒷발
길이는 1.6~2.2cm
입니다.

X 1.0　　　　　X 1.0

일본에는 혼슈(本州)의 중부 이남 지역과 규슈(九州) 지역에 사
는 일본두더지가 있습니다. 이 녀석이 몸집이 큰 편입니다. 몸통 길
이는 12.5~18.5cm고요. 꼬리는 1.4~2.7cm, 체중은 48.5~175g 사
이입니다.

🔍 **낭호(狼虎)**
늑대와 호랑이라는 뜻으로, 성
질이 사납고 욕심이 많아 남을
해치는 사람을 비유적으로 이
르는 말입니다.

▲ 마른 하천 바닥에서 발견한 두더지 무덤입니다.

🟤 두더지 무덤

두더짓과 동물들의 특징적인 필드 사인이라 하면 역시 두더지 무덤을 빼놓을 수 없습니다. 두더지 무덤은 얼핏 보면 그냥 보금자리로 들어가는 출입구처럼 보입니다. 하지만 이건 출입구가 아닙니다. 두더지가 땅속에서 터널을 뚫은 뒤에, 필요 없는 흙을 내다 버린 흔적이죠(그렇다고 두더지가 터널을 만들면 무조건 두더지 무덤이 생기는 것은 아니랍니다).

흙을 파거나 쌓아 올리기 좋은 장소는 역시 지면이 부드러운 장소겠죠? 이런 곳에서는 두둑하게 쌓여진 두더지 무덤을 볼 수 있습니다.

산속에는 두더지 무덤이 적은 편입니다. 흙이 부드럽기는 하지만 땅이 매우 깊기 때문에 흙이 터널 주위로 밀어 올리기 힘들기 때문이죠. 관찰을 나갔을 때, 두더지 무덤을 따라가면 두더지의 보금자리 굴을 쉽게 찾을 수 있습니다.

▲ 두더지 무덤을 따라가며 그 아래가 어떤 모습일지 한번 상상해 보세요.

▲ 여기저기 만들어진 두더지 무덤이 보이죠?

▲ 두더지 무덤 아래의 단면입니다. 폭은 5~6cm 정도 되겠네요.

💩 똥

두더지는 땅굴 안에서 배설 활동을 한답니다. 그래서 아쉽지만, 굴 밖에서 두더지 똥을 발견하기는 매우 어렵습니다. 우선은 두더지 굴을 먼저 발견한 후에 두더지 굴 안을 탐색해야 두더지의 똥을 볼 수 있죠.

X 1.0

▲ 사육된 녀석의 똥입니다. 일정한 형태를 띠지는 않네요.

X 1.0

▲ 역시 사육된 두더지의 똥입니다. 이번 것은 꽤 부드러운 편이에요.

> 더 알아봐요

📢 두더지, 너의 비밀을 벗겨 주겠어!

두더짓과의 동물들은 대부분의 생활을 땅굴 속에서 하기 때문에, 직접 두더지의 생활을 낱낱이 관찰하기는 어렵습니다. 그래서 두더지가 어떤 습성을 가지고 살아가는지, 밝혀지지 않은 점이 아직 많죠.

그러나 일본의 동물학자인 이마이즈미 요시하루 선생님이 생각해 낸 '공중 두더지 시스템' 덕에 비

▲ 공중 두더지 시스템의 예시입니다. 일본 가족 공원에 설치된 것이에요.

밀에 싸여 있던 두더지의 생활이 조금씩 밝혀지고 있는데요. 이 시스템은 투명한 아크릴로 만든 상자에 터널 망이 설치되어 있는 인공 보금자리랍니다.

이 안에 두더지를 넣어 두면 두더지가 터널을 계속 돌아다니면서 지렁이나 곤충도 잡아먹고 새끼도 낳아 기르죠(이를 위해 상자 안에는 새끼를 기를 수 있는 둥지나 배설을 위한 화장실도 만들어 둡니다). 그러면 연구자는 밖에서 상자 속 두더지의 생활을 엿보기만 하면 된답니다.

제주땃쥐

머리·몸 길이 6~8.5cm
꼬리 길이 4~5.5cm
체중 5~12.5g

흥,
이래 봬도 제가
한 성질 하거든요!

▲ 뾰족한 코끝과 큰 귀가 특징입니다. 코끝의 긴 수염은 감각 기관의 역할을 합니다.

제주땃쥐는 제주도와 일본에서만 서식하고 있는 들쥐입니다.

주로 숲, 물가, 강가, 농경지 주변에서 살고요. 땅 표면에 살고 있는 작은 곤충류와 거미, 지렁이를 잡아먹습니다. 독특한 냄새를 풍기는 것이 특징입니다. 땅굴을 파고 땅속에서 생활하지는 않기 때문에 앞발은 발달해 있지 않답니다.

전체적으로 다갈색의 털이 나 있고, 꼬리에도 털이

▼ 오른쪽 뒷발입니다. 뒷발 길이는 약 11.5~15mm입니다.

X 1.0

X 1.0

▲ 오른쪽 앞발입니다. 앞발과 뒷발 모두 발가락이 5개입니다.

많이 나 있습니다. 털은 매우 부드럽죠. 눈은 작은 편이며 주둥이는 길고 끝이 둘로 갈라져 있답니다.

다른 쥐들과 크기나 외형이 비슷하지만 분류학적으로는 두더짓과에 더 가깝습니다.

🍲 사체

제주땃쥐의 필드 사인을 보고 싶다면 발자국, 똥, 먹이 흔적보다는 사체를 찾아보는 것이 가장 좋습니다. 숲길이나 들판에 죽어 널브러져 있는 제주땃쥐의 사체를 자주 볼 수 있기 때문입니다.

어떻게 길 한복판에 죽은 제주땃쥐가 있을 수 있냐고요? 그 이유는 제주땃쥐 몸에서 나는 지독한 냄새 때문이랍니다. 코끝을 찌르는 지독한 냄새는 육식 동물들의 식욕마저 감퇴시키죠. 그래서 육식 동물들은 제주땃쥐를 사냥해 놓고도 먹지 않고 그냥 버리고 가 버린답니다.

죽어 있는 동물을 보는 것이 거북할 수 있어요. 그러나 죽은 동물의 사체에는 그 동물을 죽인 범인이 누구인지 알 수 있는 단서가 숨어 있습니다. 따라서 조금 힘겹더라도 죽은 동물을 꼼꼼히 관찰해 보는 것이 좋답니다.

▲ 하천 바닥에 쓰러져 있는 제주땃쥐의 사체입니다.

박쥐목 애기박쥣과

집박쥐

머리·몸 길이 4.2~5.7cm
꼬리 길이 3.2~3.5cm
체중 5~11g

이야, 어둠이 내렸군!
이제 활동을 시작해 볼까?

▲ 집박쥐는 해가 질 무렵부터 활동을 시작합니다.

박쥐류의 최대 특징은 망토 같은 날개를 활짝 펴고 자유롭게 날아다니는 것입니다. 집박쥐도 얇은 비막을 가지고 있어서 밤하늘을 날아다니죠. 일본에서는 기름박쥐라고도 불리는데 '투명한 날개가 마치 기름종이 같다'는 의미에서 붙여진 듯합니다.

집박쥐는 이름처럼 도시 지역에 적응을 잘해서, 민가의 미닫이 문 안쪽, 벽의 틈새 등에 보금자리를 틀고 삽니다. 자리를 잡고 터를 가꾸면 많은 경우 100마리 이상의 집박쥐 집단이 만들어지기도 하죠. 집박쥐는 해가 진 뒤부터 30분 정도 사이에 보금자리를 나와 작은 곤충을 잡아먹습니다.

집박쥐를 관찰하려면 5월부터 9월 중순 사이에 나가 보는 것이 좋아요. 겨울에는 겨울잠을 자서 관찰하기 힘들거든요. 그리고 초봄이나 늦가을 같은 쌀쌀한 날이나 비가 많이 내리는 날은 날아다니는 모습을 볼 수 없으니, 이 점을 꼭 생각하고 필드 워크를 나가야 합니다.

▲ 건물 유리에 집박쥐 똥이 묻어 있네요.

💩 똥

집박쥐의 필드 사인을 찾을 때는 가장 먼저 보금자리 근처의 똥을 1순위로 봐야 합니다. 건물의 유리문이나 널빤지, 창문틀 위등에 똥이 보이면 집박쥐가 그 근처에 보금자리를 틀었을 가능성이 높습니다.

만약 집 근처에 집박쥐 무리가 보금자리를 틀었다면 조심하는 게 좋을 거예요. 똥 폭탄을 맞을 수도 있거든요.

X 1.0
▲ 똥의 길이는 다양합니다.

▲ 집박쥐 무리가 똥을 무더기로 누고 갔네요.

▲ 집박쥐가 보금자리를 튼 곳 바로 아래에 있는 창틀입니다. 똥이 우수수 떨어져 있습니다.

181

🏠 보금자리

집박쥐는 나무로 지어진 일반 가정집이나 비어 있는 학교, 절 등에 보금자리를 틉니다. 때로는 도시의 빌딩과 다리 아래도 이용하지요.

그러나 집박쥐의 보금자리에는 이렇다 할 특징이 있는 건 아닙니다. 그래서 먼저 제보나 정보를 수집해 있을 만한 곳을 찾아가는 것이 좋죠.

▲ 100마리 이상의 집박쥐 집단이 있는 건물이에요. 벽과 지붕의 틈(화살표)이 보금자리로 이용되죠. 해가 진 직후, 저곳에서 집박쥐들이 꼬리에 꼬리를 물고 나오기 시작합니다.

연구자 선생님들은 해가 뜨기 전, 밤새 열심히 활동을 하고 보금자리로 돌아가는 집박쥐를 가장 먼저 찾아본다고 합니다. 만약 보금자리로 돌아가는 녀석들을 발견하면 바로 뒤쫓아서 어디에 보금자리를 틀었는지 알아내는 것이죠.

집박쥐는 번식이나 겨울잠을 위해, 혹은 낮 동안이나 밤에 휴식을 취하기 위한 보금자리도 만들어 둡니다.

▲ 집박쥐의 보금자리로 들어가는 출입구입니다. 새까맣게 변해 버렸네요.

▲ 지붕의 틈새(화살표)도 보금자리로 삼습니다.

곤충을 잡아먹는 동물 중에는 집박쥐의 똥과 아주 비슷한 똥을 배설하는 녀석들이 있습니다. 그러나 집박쥐 똥은 뒤틀려 있는 게 확실히 보이기 때문에, 자세히 보면 구분할 수 있을 거예요.

▶ 청개구리의 똥입니다. 크기는 집박쥐의 것과 비슷하지만 형태는 더 다양한 편이에요.

▲ 벽에 붙어 있는 이 똥은 누구의 똥일까요? 바로 청개구리의 똥이랍니다.

▲ 도마뱀붙이*의 똥입니다. 끝이 뾰족하고 흰 요산*이 붙어 있는 경우가 있습니다.

더 알아봐요

📢 밤에도 잘 날아다니는 박쥐, 먹으면 야맹증에 효과가 있다?

'박쥐는 밤에도 잘 날아다니면서 생활하니까, 먹으면 야맹증에 효과가 있을 거야!'
설마 여러분도 박쥐를 보며 이런 생각을 한 적 있나요? 조금만 생각해 보면 정말 말도 안 되는 이야기인데요. 실제로 몇몇 사람들은 박쥐가 야맹증에 좋을 것이라는 그릇된 믿음을 가지고 박쥐를 잡아다 약재로 썼다고 하네요. 이 때문에 우리나라 박쥐는 현재 그 수가 급격히 줄어든 상태랍니다. 게다가 동굴 개발, 벌목 사업 등으로 야생 서식지가 사라지면서 그 수가 더욱 줄어들고 말았죠.
박쥐가 사라지면 해충이 많아져 우리도 피해를 보게 됩니다. 가까운 일본에서는 박쥐들을 위해 공원이나 산속에 박쥐 아파트를 지어 준다고 합니다. 그래서 생태계의 균형을 맞추고 더불어 사람들도 해충으로부터 안전할 수 있었죠. 우리나라도 하루 빨리 박쥐에 대한 연구를 진행하여 아끼고 보호할 수 있는 방법을 모색했으면 좋겠습니다.

🔍 **도마뱀붙이**
도마뱀과 비슷하게 생긴 동물로, 몸의 길이는 12cm 정도이며 등이 어두운 회색이고 띠 모양의 검은 무늬가 나 있습니다. 발바닥에 빨판이 있어 벽이나 사물에 잘 달라붙습니다. 야행성으로 주로 사람들이 사는 곳과 그리 멀지 않은 곳에서 서식하며 우리나라와 일본, 대만 등지에 분포해 있습니다.

🔍 **요산(尿酸)**
포유동물의 오줌에 들어 있는, 산성을 띠는 유기물질을 말합니다.

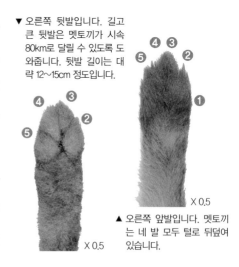

토끼목 토낏과

멧토끼

머리·몸 길이 45~54cm
어깨 높이 2~5cm
꼬리 길이 7.6~8.3cm
체중 2.1~2.6kg

제 뒷다리 어때요?
길고 잘빠졌죠?

▲ 한밤에 숲을 거니는 규슈멧토끼예요.

멧토끼는 평지와 산지의 초원, 숲에 서식하는 야생 토
끼입니다. 식물의 잎과 싹, 나무껍질 등을 먹고 살죠.
야행성이어서 관찰하기가 매우 어려운 녀석입니다. 그
러나 똥이나 눈 위에 남은 발자국 같은 필드 사인을
볼 기회는 꽤 있답니다.

　우리나라에는 한반도에만 서식하는 한국멧토끼가
있습니다. 대부분 해발 500m 이하에 살고 있죠. 산에
사는 육식 동물들의 주된 먹잇감이랍니다. 현재 우리

▼ 오른쪽 뒷발입니다. 길고
큰 뒷발은 멧토끼가 시속
80km로 달릴 수 있도록 도
와줍니다. 뒷발 길이는 대
략 12~15cm 정도입니다.

X 0.5

▲ 오른쪽 앞발입니다. 멧토끼
는 네 발 모두 털로 뒤덮여
있습니다.

X 0.5

나라에서 포획 금지 야생 동물로 지정되어 있어요.

일본에는 다양한 아종의 멧토끼가 살고 있습니다. 겨울이 되면 털이 순백색이 되는 동북멧토끼가 있고요. 겨울이 되어도 털의 색이 변하지 않는 규슈멧토끼도 있습니다. 또 오키 제도(隱岐諸島)에 사는 오키섬토끼, 사도가 섬(佐渡島)에 사는 사도섬토끼, 홋카이도에 사는 북방눈토끼, 아마미오 섬(奄美大島)과 도쿠노 섬(德之島)의 천연 기념물인 아마미검은토끼도 있답니다.

> 더 알아봐요

📢 멧토끼의 털갈이

홋카이도에 사는 눈토끼와, 도호쿠 지방에 사는 동북멧토끼는 겨울이 되면 털이 흰색이 됩니다. 눈에 자신의 몸을 숨길 수 있도록 하기 위함이죠. 서(西) 일본에 살고 있는 멧토끼 중에도 눈이 많은 지역에서는 흰색으로 털갈이를 하는 녀석들이 있습니다.

▲ 여름철 다갈색 털에서 겨울철 흰색 털이 되는 동북멧토끼의 변화 모습입니다. 1번 부터 4번 순서로 보면 됩니다.

🐾 발자국

'산토끼 토끼야, 어디를 가느냐~ 깡충 깡충 뛰면서, 어디를 가느냐~' 이 동요 다 알고 있지요? 토끼 하면 역시 뜀박질하는 모습이 가장 먼저 떠오릅니다. 필드 사인 역시 눈 위를 깡충깡충 달려 나간 발자국이 가장 특징적입니다.

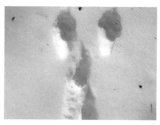

▲ Y자 모양의 발자국입니다. 발바닥은 미끄러지지 않도록 전부 털로 뒤덮여 있기 때문에, 발가락 자국은 거의 남지 않습니다.

멧토끼뿐만 아니라 모든 토끼류의 발자국에서 볼 수 있는 Y자형 발자국을 발견할 수 있을 거예요. 눈이 약간 쌓여 있는 주차장이나 논밭, 잔디밭 위에서 갑자기 방향을 바꾸는 멧토끼 발자국을 볼 때가 있습니다. 그때 '왜 방향을 바꾸었을까?' 생각하면서 바뀐 방향의 반대쪽을 따라가면, 여우의 발자국도 발견할 수 있답니다. 그러니까 멧토끼가 갑자기 방향을 바꿔 뛴 것은 여우를 피하기 위해서였던 것이죠.

▲ 눈길에 규칙적으로 이어지는 보행 패턴이 보이나요?

🐾 사는 곳의 환경

멧토끼는 초원이나 벌채지, 과수원에서 생활합니다. 보금자리를 따로 틀지 않고 초원 사이의 웅덩이나 조릿대과 식물 사이에 숨어 삽니다. 최근에는 넓은 초원이 줄어들고 있어 멧토끼의 수도 급격히 줄어들고 있어요. 이 때문에 멧토끼를 잡아먹고 사는 육식 동물들도 점차 사라지고 있습니다.

간신히 초원 대신 골프장을 서식지로 이용하는 녀석들도 있는데요. 화약 비료가 잔뜩 묻은 풀을 먹고 살아야 하기 때문에 건강하게 잘 살 수 있을지 걱정이랍니다.

▲ 잡목들을 벌채한 곳으로, 짧은 풀과 나무가 많아 멧토끼의 좋은 먹이 터가 됩니다.

🐟 먹이 흔적

숲길 가장자리나 얕은 초지에서 풀과 줄기의 윗부분이 싹둑 잘린 흔적이 보인다면, 그것은 멧토끼가 식사를 한 흔적입니다.

▲ 볏과의 풀을 먹은 흔적입니다. 잘린 부분을 보면 깔끔하고 예리합니다.

▲ 찔레나무를 먹은 흔적이에요. 역시나 칼로 자른 듯 날카롭고 깔끔하게 먹었네요.

빠진 털

들판에 멧토끼의 털 뭉치가 떨어져 있다면, 그것은 독수리나 매처럼 사나운 새들에게 습격받은 흔적일 거예요. 털만 뽑히고 간신히 도망간 것이죠.

▲ 멧토끼의 털 뭉치는 가지나 줄기가 적은 나무 밑에 떨어져 있는 경우가 많습니다.

아이쿠~ 내 털!

🐾 똥

시야가 훤히 트여 햇빛이 잘 드는 산속으로 가 보세요. 아마 멧토끼 똥을 볼 수 있을 것입니다.

▲ 햇빛이 잘 드는 비탈에서 발견된 멧토끼의 똥입니다.

멧토끼 똥은 한 번에 여러 개를 발견할 수 있습니다. 똥의 형태는 대부분 둥근 초코 볼 모양이고요. 쪼개서 냄새를 맡아 보면 홍차와 비슷한 냄새가 날 거예요. 멧토끼가 먹은 풀들이 창자 안에서 발효되었기 때문이랍니다.

필드 사인이 매우 흡사한 굴토끼*와 멧토끼를 구분할 때, 똥이 결정적 단서가 됩니다. 일반적으로 멧토끼의 똥이 더 크고 식물의 섬유가 더 잘 보입니다.

X 1.0

X 1.0

◀▲ 왼쪽이 멧토끼의 똥이고 오른쪽이 굴토끼의 똥입니다. 멧토끼의 똥이 더 크죠? 그에 비해 굴토끼의 똥은 더 작고 까만 편입니다.

굴토끼

몸통 길이는 35~45cm, 귀의 길이는 6~8cm 정도 되는 토끼입니다. 아프리카 서북부, 이베리아 반도* 원산의 귀화종이고요. 일찍이 가축용으로 길러지며 집토끼로 사육되었죠. 우리가 일반적으로 집토끼라고 부르는 것이 바로 이 녀석들이에요. 멧토끼와 먹이, 생활 환경이 같기 때문에 이 두 녀석의 필드 사인을 구분하기가 매우 어렵습니다.

> 더 알아봐요

📢 토끼의 시간차 달리기

네 발로 달리는 동물들은 달리기를 할 때 두 앞발을 동시에 딛습니다. 뜀틀 뛸 때를 한번 생각해 보세요. 두 손으로 뜀틀을 동시에 짚고 뛰어 넘죠? 네 발로 달리는 동물들도 앞발을 동시에 딛습니다.

그러나 토끼들은 앞발을 동시에 찍지 않고 오른쪽과 왼쪽에 시간차를 두고 딛습니다. 이해를 돕기 위해서 《시턴 동물기》에 나온 설명을 인용해 볼게요. 시턴 선생님은 토끼의 시간차 달음질을 음표로 나타내었는데, 한 박자 당 셋잇단음표가 나열되는 모습입니다. 즉, '타타타 · 타타타 · 타타타…'의 박자인 거죠. 아래 악보를 참고해 보세요.

▲ 오른쪽 앞발을 먼저 딛고, ▲ 왼쪽 앞발을 이어 디딘 뒤, ▲ 두 뒷발을 동시에 디디며 마무리!

 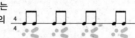

토끼의 달리기 리듬   네 발로 달리는 다른 동물들의 달리기 리듬

▲ 오른쪽 앞발과 왼쪽 앞발을 디딜 때 시간 차를 둡니다. ▲ 오른쪽 앞발과 왼쪽 앞발을 동시에 착지합니다.

🔍 **이베리아 반도**

유럽 대륙 서남쪽 끝에 위치해 있는 반도입니다. 에스파냐, 포르투갈, 안도라, 영국령 지브롤터가 속해 있습니다.

설치목 청설모과
청설모
머리·몸 길이 1.6~2.2cm
꼬리 길이 1.3~1.7cm
체중 250~310g

귀와 꼬리에 술 모양의 털이 기다랗게 자랍니다.

▲ 청설모는 겨울에 회색빛이 도는 갈색 털로 옷을 갈아입습니다.

청설모는 평지부터 정상까지, 숲 전체를 서식처로 삼고 있습니다. 주로 나무 위에서 지내지만 땅으로 이동하거나 풀을 뜯어 먹으러 내려오기도 합니다. 아침과 저녁에 가장 활발히 활동하죠. 일 년 내내 나뭇잎과 열매 등을 먹지만, 봄부터 여름까지는 곤충류와 작은 새의 알도 먹습니다. 계절별로 털색이 변하기도 하며, 눈 주위에 흰 테두리가 있습니다.

청설모의 실제 모습은 관찰하기 쉬운 편이에요.

▼ 오른쪽 뒷발입니다. 5개의 발가락이 있네요. 뒷발 길이는 대략 4.8~5.8cm입니다.

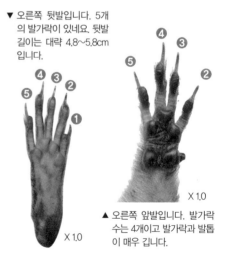

X 1.0

X 1.0

▲ 오른쪽 앞발입니다. 발가락 수는 4개이고 발가락과 발톱이 매우 깁니다.

▲ 여름에는 전체적으로 적갈색을 띠고요. 배 부분의 가장자리가 오렌지색으로 변한답니다(사진은 어린 청설모예요).

필드 사인도 특징이 있기 때문에 잘 찾을 수 있고 이를 통해서 근처 어딘가에 청설모가 살고 있다는 것을 짐작할 수 있습니다.

우리나라의 청설모는 다른 나라에서 들어왔다고 잘못 알려져 있지만 그렇지 않습니다. 제주도와 같은 섬 지역을 뺀 우리나라 전국 어디에나 살고 있지요. 행동이 빠르기는 하지만, 다람쥐보다 몸집이 크고 땅으로 내려올 때도 있어서 주의 깊게 관찰하면 가끔씩 등산 중에나 소풍을 갔을 때 청설모를 만날 수 있답니다.

발자국

청설모는 몸무게가 가벼워 발자국을 남기는 일이 거의 없지만, 가끔 부드러운 눈 위에는 발자국을 남기고 갈 때가 있습니다. 평평한 땅을 달려갈 때는 발자국 모양이 마치 나비같이 찍히는데요. 앞발 자국이 나비 뒷날개가 되고 뒷발 자국이 앞날개가 됩니다.

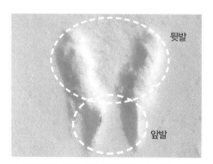
▲ 이게 바로 나비 모양 발자국입니다. 마치 나비의 날개 같죠?

▲ 살짝 찍힌 발자국에서는 발가락 자국도 보입니다. 위가 뒷발이고 아래가 앞발입니다.

▲ 호두나무를 향해 가는 청설모의 모습이 보이나요?

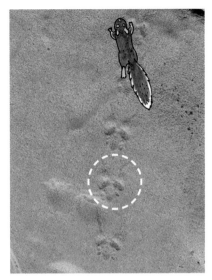

▲ 모래 언덕을 올라가면서, 개구리 모양의 발자국을 남기고 갔네요.

언덕길을 오를 경우에는 턱부터 가슴, 배 부분이 땅에 스치게 되어 발자국이 마치 개구리 같은 모양이 된답니다.

🐟 먹이 흔적

▲ 잘린 나무 밑동 위에 솔방울과 껍질 조각이 흩어져 있네요. 잘린 나무를 테이블로 사용한 것 같죠?

청설모가 식사를 하고 간 자리에는 새우튀김이 남아 있습니다. 숲 속에 웬 새우튀김이냐고요? 여기서 새우튀김은 청설모가 솔방울 껍데기를 벗겨 씨를 먹고, 남은 줄기를 버리고 간 것이랍니다. 그 모양이 마치 갓 튀긴 새우튀김 같죠. 그 주변에는 솔방울 조각이 뭉쳐져 떨어져 있답니다. 숲길에 자라고 있는 버섯에서 청설모

▲ 넘어진 나무 위에 남은 청설모의 먹이 흔적이에요. 새우튀김 같은 솔방울이 보이나요?

의 이빨 자국을 볼 수도 있는데, 들쥐도 똑같은 자국을 남겨서 한 번에 구분하기는 어려울 거예요.

새우튀김 솔방울만큼 유명한 청설모의 먹이 흔적이 있습니다. 깔끔하게 반으로 쪼개어 먹은 호두 껍데기입니다. 호두나무가 자라는 연못이나 습기가 많은 장소에서 발견할 수 있답니다. 원래 호두는 밥그릇 두 개를 합친 모양으로 반으로 쪼개는 선이 나 있기는 하지만, 워낙 딱딱해서 쪼개기 어렵습니다. 하지만 청설모는 튼튼한 이빨을 갈라진 틈새로 밀어 넣고 벌려서, 씨만 빼 먹을 수 있습니다. 이빨을 지렛대로 삼는 것이죠.

🔍 **독일가문비나무**
유럽이 원산인 소나뭇과의 상록수입니다. 나무껍질은 붉은빛을 띤 갈색이며 가지가 사방으로 퍼집니다. 어린 나무는 크리스마스트리로 자주 쓰이고요. 주로 관상용이나 조림용으로 사용됩니다.

▲ 솔방울 먹이 흔적을 펼쳐 놓은 것입니다. 화살표 부분을 보면 씨를 먹었다는 것을 알 수 있어요.

▲ 독일가문비나무*의 솔방울(왼쪽)을 새우튀김(오른쪽)으로 만들어 버렸네요.

호두를 먹은 흔적은 산등성이나 숲길을 따라가다 보면 발견할 수 있습니다. 아니면 잘려 있는 나무 근처에서 한꺼번에 발견할 수도 있으니 한번 살펴보세요.

▲ 호두 껍데기를 까고 있는 청설모예요. 이때 아주 큰 소리가 나기 때문에 숲에서 호두 껍데기를 이빨로 두드리는 소리가 나면 바로 달려가 보세요.

▲ 껍데기를 포개어 보면, 어디부터 갉기 시작했는지 알 수 있습니다.

▲ 청설모가 반으로 깨끗이 쪼갠 호두입니다.

▲ 숲길에 흐트러져 있는 호두 껍데기입니다. 좁은 반경에서 여러 개의 호두 껍데기를 발견할 수 있을 것입니다.

먹이 저장

청설모는 먹이가 줄어드는 겨울을 대비해 나무 열매를 땅에 묻어 두는 똘똘한 습성이 있습니다. 아무도 모르게 꽁꽁 숨겨 두기 때문에 관찰 중에 쉽게 발견할 수는 없어요. 하지만 나뭇가지 한구석에 열매를 끼워 두거나 바위 틈새에 저장해 둔 것은 가끔 볼 수 있습니다.

▲ 나뭇가지에 끼워 둔 호두입니다. 화살표가 가리키는 곳이에요.

▲ 먹이로 저장해 둔 호두를 파낸 흔적입니다. 저렇게 눈까지 덮여 있으면 필드 워크 중에 발견하기는 어렵겠죠?

보금자리

청설모는 작은 가지로 만든 공 모양의 둥지나 그릇 모양의 둥지, 나무 구멍 속, 사람이 만든 인조 둥지 등에 보금자리를 튼니다.

▲ 둥지를 나와 나무를 타고 아래로 내려가고 있네요.

연구자 선생님들은 청설모가 작은 가지를 모아 공 모양으로 짠 둥지를 '축구공 둥지'라 부릅니다. 크기나 모양이 비슷하기 때문이죠. 청설모는 공 모양의 둥지를 침엽수 위에 만드는데요. 아주

195

높은 곳에 있기 때문에 아래에서 올려다봐도 잘 보이지 않습니다.

청설모는 그릇 모양의 둥지를 만들기도 하는데요. 스스로 만드는 것도 있지만 대부분 개똥지빠귀나 매와 같은 새들이 만들어 두었던 오래된 둥지를 이용하는 편입니다.

청설모가 만들다 만 둥지가 나무 위에서 떨어져 숲길 위에서 발견될 때도 있습니다. 우연치 않게 필드 사인을 발견한 것이라 기쁠 수 있겠지만, 둥지를 함부로 만져서는 안 됩니다. 진드기가 생겨서 청설모가 일부러 버린 것일 수도 있거든요.

▲ 삼나무의 껍질을 가늘게 찢어 만든 둥지입니다. 만들다가 버려 둔 것을 가져온 것이에요.

▲ 전나무 가지 한쪽에 만들어진 공 모양의 둥지(화살표)입니다.

💩 똥

청설모의 똥은 쉽게 발견하기는 어렵지만, 눈 위에 무심코 배설해 놓은 것을 가끔 볼 수 있습니다. 똥의 모양은 쌀알 모양, 둥근 모양, 끝이 뾰족한 모양 등으로 나타나고요. 색깔은 대부분 갈색과 검은색입니다. 그러나 먹은 것에 따라 다양한 형태로 배설되기 때문에 다른 필드 사인과 함께 발견했을 때에만 청설모의 똥이라고 판단해야 합니다.

X 1.0

▲ 사육된 청설모의 똥입니다. 색과 모양이 다양하네요.

더 알아봐요

📢 청설모와 하늘다람쥐의 활동 시간

눈 안에 있는 망막* 세포에는 약한 빛에도 반응하는 간상체(杆狀體)와 강한 빛에만 반응하며 색을 구분하는 추상체(錐狀體)가 있습니다. 청설모는 이 중에서 추상체만 가지고 있는데요. 이 때문에 해가 뜨는 이른 아침부터 해지기 직전인 저녁까지만 활동합니다. 해가 떨어진 다음에는 빛이 약해져서 아무 것도 분간하지 못하니까요. 반면 하늘다람쥐는 간상체만 가지고 있습니다. 그래서 저녁부터 이른 아침까지 활동하지요.

사실 이 두 녀석은 사는 환경이나 먹이가 매우 흡사하기 때문에 자칫 만나게 되면 심각한 영역 다툼이 날 가능성이 있습니다. 그러나 활동 시간이 겹치지 않아서 부딪힐 일이 전혀 없죠.

망막 세포의 차이만 아니었다면, 다람쥐와 청설모 사이에 큰 전쟁이 일어날 뻔했네요.

어휴, 다행이야

응! 정말!

🔍 **망막(網膜)**

눈알의 가장 안쪽에 있는 막으로, 시각 신경의 세포가 층을 이룬 부분입니다. 빛이 볼록렌즈 역할을 하는 수정체를 지나 망막에 상을 맺으면 시각 신경이 그 자극을 뇌로 전달합니다.

197

설치목 쥣과

멧밭쥐

머리 · 몸 길이 5~6.8cm
꼬리 길이 5.3~7.9cm
체중 7~14g

▲ 꼬리 일부분에는 비늘과 털이 없어서, 줄기를 휘감을 때 미끄러지지 않는답니다.

내 보금자리는 둥지랍니다.
잘못 보면 새 둥지로 오해할 테니,
나에 대해 잘 알아 두라고요!

▲ 멧밭쥐는 몸무게가 10g 정도로 아주 가벼워서, 풀잎과 줄기를 쉽게 오갈 수 있습니다.

멧밭쥐는 낮은 평지부터 높은 산지에 이르기까지 너른 분포를 보이며, 참억새*처럼 줄기가 높이 자라는 식물이 무성한 곳에 서식합니다.

초본의 씨나 곤충 등을 먹고 참억새 등의 잎으로 둥지를 만들어 새끼를 기릅니다. 겨울에는 땅 위에 쌓인 흙이나 지하에 굴을 만들어 추위를 피한답니다.

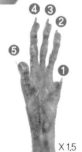

X 1.5

▲ 오른쪽 뒷발입니다. 발가락 수는 5개죠. 발가락을 크게 벌릴 수 있어 줄기를 움켜잡는 데 유리합니다. 뒷발 길이는 1.4~1.7cm입니다.

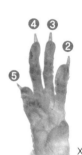

X 1.5

▲ 오른쪽 앞발입니다. 앞발에는 4개의 발가락이 있습니다.

198

▲ 볏과의 초본으로 만든 공 모양의 둥지입니다.

💩 똥

필드 워크를 나갔을 때, 탁 트인 야외에서 멧밭쥐의 똥을 볼 기회는 거의 없습니다. 그러니 멧밭쥐가 버리고 떠난 둥지를 조사해 보세요. 새끼 쥐의 작은 똥이 남아 있는 경우가 있으니까요.

🏠 보금자리

멧밭쥐의 대표적 필드 사인은 공 모양 둥지입니다. 참억새, 띠*, 강아지풀 사이에 둥지를 트는데요. 대개 수십 cm부터 1m 정도 높이라, 관찰할 때 눈높이를 높이거나 낮출 필요는 없습니다.

둥지는 지름 10cm 전후의 공 모양으로 잎 덩어리가 뭉친 모양입니다. 얼핏 보면 새 둥지와 비슷하지만 잎을 세로로 찢어 공 모양으로 연결하듯 만들어져 있어 구분할 수 있습니다.

🔍 **참억새**

억새의 어미씨로 볏과의 여러 해살이풀입니다. 1.5~2m까지 높게 자라며, 줄기와 잎은 지붕을 덮는 데 씁니다. 산과 들에서 자라는데 우리나라와 일본, 중국 등지에 분포해 있습니다.

▲ 사육된 멧밭쥐의 똥입니다. 몸이 작은 만큼 똥도 작네요. 굵기는 1~1.5mm 정도입니다.

🔍 **띠**

볏과의 여러해살이풀입니다. 줄기는 30~80cm까지 높게 자라고 원뿔형입니다. 잎은 뿌리에서 뭉쳐납니다. 들이나 길가에 무더기로 나는데 아시아, 아프리카 등지에 널리 분포해 있습니다.

199

둥지 안쪽에는 더 가늘게 찢은 잎과 식물의 털이 쿠션처럼 깔려 있습니다.

▲ 참억새로 만든 공 모양의 둥지입니다. 둥지는 완성된 직후에는 초록색이지만 곧 말라 갈색이 됩니다.

▲ 초여름에 발견한 둥지인데요. 만들다 버리고 가 버렸나 보네요.

▲ 벼 위에 아슬아슬하게 둥지를 만들어 두었네요.

🐛 사는 곳의 환경

멧밭쥐는 주로 참억새와 띠, 강아지풀 등 볏과 식물이 많은 곳에 삽니다. 숲길 가의 작은 풀밭에서 발견되기도 하지만 물이 가까운 환경에서 더 많이 볼 수 있습니다.

예를 들면 하천 바닥, 계곡을 낀 밭이나 참억새 밭 등이죠. 논의 경

우에는 농사를 짓고 있지 않은 곳에 주
로 보이지만 농사가 한창인 논에서도
가끔 볼 수 있습니다.

나 잡아봐라~

▲ 참억새 밭입니다. 무성한 억새 사이에 분명 멧밭
쥐가 있을 거예요.

▲ 하천 바닥에 만들어진 풀밭에는 물기가 많아 멧밭
쥐가 자주 드나듭니다.

더 알아봐요

📢 겨울에는 공 모양 둥지를 찾아보자!

멧밭쥐는 겨울이 되면 추위를 피해 지하로 들어
갑니다. 그때 참억새 밭에는 오래된 둥지가 남겨
져 있을 거예요. 둥지는 잎이 **빽빽한** 부분에 만들
어지기 때문에 발견하기 어려우니까, 꼼꼼히 살
펴봐야 합니다. 잎 사이사이를 꿰뚫어보듯 관찰
하세요. 번식 때가 오면(봄과 가을, 드물게는 여
름에 번식을 합니다. 지역에 따라 다르기도 해요)

▲ 잎 사이를 꿰뚫어보듯 찾으면 멧밭쥐
둥지가 보일 거예요.

둥지 안에서 새끼를 낳아 기르고 있으니 가까이 가서는 안 됩니다.

흰넓적다리붉은쥐

머리·몸 길이 8~14cm
꼬리 길이 7~13cm
체중 20~60g

큰 눈, 짝 펼쳐진 귀가
인상적이죠?

▲ 등 쪽에는 약간 붉은 빛이 감도는 갈색 털이, 배 쪽에는 흰색 털이 나 있습니다.

일본의 흰넓적다리붉은쥐는 평지와 산지에 고루 분포해 있습니다. 반면 우리나라의 흰넓적다리붉은쥐는 산지에서만 볼 수 있죠. 주로 규모가 큰 숲은 물론이고 신사나 절 근처의 작은 숲, 낮은 산, 농경지, 하천 등 다양한 곳에 보금자리를 틉니다.

식물의 씨와 열매 외에 뿌리줄기와 어린싹, 곤충을 즐겨 먹습니다.

▼ 오른쪽 뒷발입니다. 뒷발의 발가락 수는 5개이며 길이는 2.2~2.8cm 정도 됩니다.

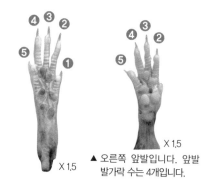

X 1.5

X 1.5

▲ 오른쪽 앞발입니다. 앞발 발가락 수는 4개입니다.

🐟 먹이 흔적

▲ 돌담 틈새에 흰넓적다리붉은쥐가 먹고 버린 호두 껍데기가 널려 있습니다. 사진으로 봐도 구멍이 2개 뚫려 있는 것을 알 수 있을 거예요. 보금자리나 땅굴의 출입구 부근에는 때때로 이렇게 먹이 흔적이 남아 있습니다.

흰넓적다리붉은쥐의 대표적인 필드 사인은 호두에 구멍을 2개 뚫어 먹는 특이한 먹이 흔적입니다. 호두의 이음새 부분에 2개의 구멍을 뚫고 차츰 넓혀서 속을 파먹는 것이죠. 구멍 안쪽을 잘 보면 속을 파먹을 때 생긴 송곳니 자국이 남아 있습니다. 딱딱한 껍데기가 있는 먹이는 전부 이런 식으로 속을 파먹어요. 흰넓적다리붉은쥐가 먹은 매화 열매의 씨도 마찬가지로 구멍이 2개 뚫려 있답니다.

▲ 이게 바로 흰넓적다리붉은쥐가 먹은 호두입니다. 구멍 2개(화살표)가 보이죠?

▲ 매화 씨입니다. 역시 구멍 2개가 뚫려 있습니다.

도토리를 먹을 때는 먹이 흔적이 조금 달라지는데요. 구멍이 뚫려 있는 것이 아니라 그냥 흐트러진 도토리 껍데기만 남는 것이죠. 그러나 이런 필드 사인은 흰넓적다리붉은쥐만이 아니라 다른 들쥐들도 남기는 것이라, 함부로 '이건 흰넓적다리붉은쥐가 먹다 남긴 도토리 껍데기다!' 하고 단정해서는 안 된답니다.

▲ 흰넓적다리붉은쥐가 남긴 도토리 흔적입니다.

▲ 돌담의 틈새에서 흰넓적다리붉은쥐가 먹고 버린 도토리 껍데기를 대량으로 발견했어요

🦫 똥

먹이 터 근처에 똥이 떨어져 있는 경우가 많습니다. 똥은 가는 쌀알 모양입니다.

X 2.0

▲ 가늘고 긴 쌀알 모양의 흰넓적다리붉은쥐 똥입니다.

🐾 사는 곳의 환경

흰넓적다리붉은쥐가 좋아하는 서식 환경은 숲길 가의 흙 언덕이나 땅 위로 드러난 나무뿌리, 돌담의 틈, 숲 바닥에 얕게 파인 부분 등입니다.

보금자리는 땅굴 안에 틀며, 밤이 되면 밖으로 나와 먹을 것을 찾아다닙니다. 그리고 먹이를 찾으면 바로 보금자리로 가져가 야금야금 먹는답니다.

🏠 보금자리

숲 바닥에 구멍이나 파인 곳이 있으면 유심히 들여다보세요. 낙엽이 덮여 있거나 거미줄이 늘어져 있으면 그건 단순한 구멍이 결코 아니니까요. 낙엽이 꽉꽉 눌러져 있고 땅이 단단하다면 흰넓적다리붉은쥐의 보금자리일 가능성이 높습니다. 흰넓적다리붉은쥐뿐 아니라 들쥐 녀석들의 보금자리일 가능성도 있습니다.

▲ 숲길 가의 나무 밑동입니다. 잘 찾아보면 흰넓적다리붉은쥐의 보금자리를 찾을 수 있어요.

▲ 돌담의 틈에서도 흰넓적다리붉은쥐의 보금자리를 찾을 수 있답니다.

🐾 발자국

흰넓적다리붉은쥐는 가볍기 때문에 발자국이 잘 남지 않습니다. 그러나 눈이 소록소록 내린 날에는 여러 가지 포유동물들의 발자국 속에서 발견할 때도 있죠.

흰넓적다리붉은쥐와 같은 들쥐들의 보행 패턴은 왼발과 오른발 사이가 넓은 뒷발이 앞에, 왼발 오른발 사이가 좁고 앞뒤로 조금 어긋나 있는 앞발이 뒤에 배치된 형태입니다.

▲ 낙엽 아래에 있는 땅굴 출입구예요.

여러 개의 발자국이 어지럽게 찍혀 있는 사진입니다. 여러분은 어떤 게 쥐 발자국이고 어떤 게 새 발자국인지 한 번에 구별할 수 있나요?

이럴 때는 새의 발자국을 쫓아가는 것이 훨씬 효율적이랍니다. 새의 발자국을 보면 발가락이 가늘고 길며 앞에는 3개의 발가락이, 뒤에는 1개의 발가락이 찍혀 있죠. 전체적으로 역삼각형 모양입니다. 이 발자국만 따라가 보면 중간에 갑자기 사라지거나(날아가 버렸기 때문) 땅굴까지 이어져 있지 않답니다.

▲ 눈 위에 남은 참새의 발자국이에요. 이렇게 정신없는 발자국도 자세히 보면 구분할 수 있을 거예요. 한번 시도해 보세요!

다만, 땅의 상태나 달리는 방법 등에 따라 이것마저 또 달라질 수 있습니다. 눈이 너무 많이 내렸을 때는 발자국이 선명하게 남지 않고요. 바삐 뛰어갈 때는 발자국이 정말 희미하게 남기도 합니다. 원래 들쥐류의 필드 사인 중에서 발자국은 그리 좋은 관찰 대상은 아니랍니다. 흰넓적다리붉은쥐가 걸어가면서 꼬리의 자국이 남을 때도 있는데요. 이 역시 상황에 따라 달라집니다.

흰넓적다리붉은쥐가 발가락까지 확인할 수 있는 발자국을 남기는 일은 드물지만 그래도 설명하자면, 앞발에는 4개의 발가락 자국이 남고요. 뒷발에는 5개의 발가락 자국이 남습니다. 흰넓적다리붉은쥐의 발자국을 더듬어 가면, 보금자리 땅굴이 나온답니다.

▲ 눈이 많이 내린 언덕을 오를 때는 배가 스쳐 자국이 남습니다. 발자국은 땅굴로 이어지고 있네요.

▲ 눈이 얕게 쌓인 날, 흰넓적다리붉은쥐가 발자국을 남기고 갔군요.

▲ 뒷발과 꼬리 자국이 남아 있네요. 두 발자국 사이에 길게 끌린 자국이 바로 꼬리 자국입니다.

더 알아봐요

🔊 도토리에 독이 들어 있다!

도토리의 쌉쌀한 맛을 내는 성분인 타닌은 사실 생물체에게는 독이 되는 물질이랍니다. 한 연구에 따르면, 졸참나무 도토리만 먹여 사육한 흰넓적다리붉은쥐의 70%가 평균보다 짧은 수명을 보였다고 합니다. 그렇다면 야생 흰넓적다리붉은쥐는 어떻게 도토리를 먹고도 잘 살아갈 수 있는 걸까요?

▲ 숲 바닥에 굴러다니는 졸참나무의 도토리예요.

정답은 바로 흰넓적다리붉은쥐의 몸 안에 있습니다. 도토리를 많이 먹게 되는 계절이 되면, 흰넓적다리붉은쥐의 침에서는 타닌의 독성을 없애는 효소가 만들어지기 시작하고 장 속에서도 타닌을 중화시키는 세균이 활성화됩니다. 그래서 흰넓적다리붉은쥐는 도토리만 많이 먹고 지내도 아무 문제없는 것이죠.

인체의 신비도 놀랍지만, 동물들의 몸 역시 신비롭고 놀랍지 않나요?

곰쥐

머리·몸 길이 15~24cm
꼬리 길이 15~26cm
체중 150~200g

여러분의 집 창고에
내가 살고 있어요.

▲ 꼬리는 길고 귀가 큰 것이 특징입니다.

곰쥐는 사람이 사는 곳에서도 거리낌 없이 잘 생활하는 대형 집쥐입니다. 일반 가정집이나 도시의 빌딩에 주로 살고요. 농지나 숲에서도 생활합니다. 나무를 잘 타기 때문에 수도관이나 전선을 타고 높은 건물에 자유롭게 드나들 수 있습니다.

곰쥐는 씨와 곡류, 열매 등을 즐겨 먹으며 민첩하고 경계심 많은 성격입니다. 우리나라와 일본뿐 아니라 전 세계에 살고 있답니다.

▼ 오른쪽 뒷발이에요. 뒷발의 발가락 수는 5개이고 길이는 2.2~3.5cm 사이입니다.

4 3
5 2
1

4 3
5 2

X 1.0

▲ 오른쪽 앞발입니다. 발가락 수는 4개예요.

X 1.0

🐁 사는 곳의 환경

곰쥐는 틈이 많은 오래된 집에서 자주 볼 수 있습니다. 천장 안쪽에서 주로 생활하며 화장실과 창고 등에 나타나 사람들이 저장해 둔 곡식을 야금야금 훔쳐 먹죠.

▲ 일본의 한 가정집 천장 부분입니다. 이렇게 틈이 많을수록 곰쥐가 들어와 살기 쉽습니다.

🐀 지나다니는 길

〈톰과 제리〉라는 애니메이션을 아나요? 만화에서 쥐 제리는 벽 사이의 틈을 출입구 삼아 집 벽면의 안과 밖을 수시로 왔다 갔다 합니다. 곰쥐도 벽 사이의 틈이나 기둥, 대들보의 틈으로 돌아다니죠. 벽에 몸을 비비는 습성이 있어서 자주 지나다닌 길 부근의 벽에는 검은 흔적이 남아 있습니다.

▲ 지나다니는 구멍에 남은 검은 흔적입니다.

🐟 먹이 흔적

창고 바닥이나 집 천장 대들보에서는 곰쥐의 먹이의 찌꺼기를 자주 발견할 수 있습니다. 특히 땅콩을 보면, 껍데기를 마구 깨물어서 속 알맹이만 먹는 걸 알 수 있습니다.

▲ 땅콩을 깨물어 먹은 흔적입니다.

💩 똥

곰쥐의 똥은 곧거나 약간 구부러진, 가늘고 긴 막대 모양입니다. 곰쥐가 생활하는 천장 위에는 대량의 똥이 축적되기도 해서, 이 녀석이 자주 나타나는 집에서는 반드시 주기적으로 천장을 검사해 봐야 합니다.

▲ 자주 출몰하는 장소에서 발견한 똥들입니다.

설치목 쥣과
시궁쥐
머리·몸 길이 11~28cm
꼬리 길이 17.5~22cm
체중 40~500g

저는 '집쥐'라고도 부른답니다.

▲ 해안가의 땅굴에서 얼굴을 내밀고 있는 시궁쥐입니다.

배수구, 하수구, 지하상가의 으슥한 곳에서 한밤에 쥐를 보았다면 그건 시궁쥐일 가능성이 높습니다. 시궁쥐는 집쥐로도 불리며 가옥에서 생활하는 쥐 가운데 몸집이 큰 편입니다. 배수구, 하수, 지하상가 등 습한 환경을 좋아하고요. 야외에서는 하천이나 해안 주변에서 살고 있습니다. 잡식성이지만 식물성보다는 동물성[*] 먹이를 즐겨 먹습니다. 습한 환경을 좋아하는 만큼 물을 많이 마시며 수영을 잘해요. 전 세계에 널리 분포해 있습니다.

▼ 오른쪽 뒷발이에요. 5개의 발가락이 있고 길이는 2.7~4.2cm 정도입니다.

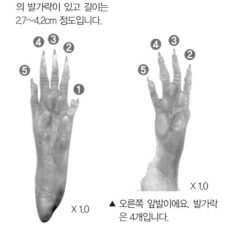

X 1.0

X 1.0

▲ 오른쪽 앞발이에요. 발가락은 4개입니다.

🐚 사는 곳의 환경

시궁쥐가 나타나는 자연 환경은 대개 맑은 물이
흐르는 작은 개울이나 강입니다. 가까운 언덕에
는 통로처럼 지나다닌 흔적이 있고 곳곳에 굴이
뚫려 있답니다. 밤에 이 굴을 주시하고 있으면
시궁쥐가 나타날 거예요.

▲ 시궁쥐가 사는 작은 개천의 모습이에요.

🐟 먹이 흔적

강기슭이나 바위 위, 물속에 다슬기의 껍데기가 많이 떨어져 있다면
그곳에서 시궁쥐가 다슬기를 먹었을 확률이 높아요. 때로 호두를 먹
고 껍데기를 버려두기도 합니다. 호두는 반으로 쪼개 먹는 청설모와
는 달리, 끝부터 갉아서 구멍을 크게 뚫는 방법을 이용합니다. 힘과
기술이 뛰어나다고 할 수 있죠.

▲ 끝에서부터 갉아 먹은 호두 껍데기입니다.

▲ 다슬기를 먹을 때는 껍데기의 아랫부분을 갉아
낸 뒤 속을 파먹습니다.

🔍 **동물성(動物性)**
동물의 특성을 나타내고 있는
물질을 일컫는 말로, 대체로
탄수화물은 적고 지방과 단백
질이 많은 것들입니다.

211

▲ 얕은 물속에 무수히 흩어져 있는 다슬기 껍데기입니다. 옆에 떨어져 있는 호두는 구멍이 2개 뚫려 있는 것으로 봐선 흰넓적다리붉은쥐의 먹이 흔적인 것 같네요.

💩 똥

시궁쥐의 똥은 대부분 곧거나 약간 구부러진 막대 모양입니다. 길이는 짧은 것에서부터 긴 것까지 다양합니다. 생쥐의 똥보다는 약간 큰 편이에요.

X 1.0

▲ 똥의 굵기는 2~3mm 사이입니다.

난 으슥한 곳에서
볼 수 있어요

생쥐

설치목 쥣과

머리·몸 길이 5.7~9cm
꼬리 길이 4.2~8cm
체중 9~23g

▲ 오른쪽 앞발입니다.
발가락은 4개입니다.

▲ 오른쪽 뒷발입니다.
발가락은 5개이고
길이는 1.3~1.7cm입
니다.

내 이름
자주 들어 봤죠?

▲ 야생 생쥐는 등쪽에 회색이 섞인 갈색 털이 나 있고, 몸 아랫면에는 흰색 털이 나 있습니다. 앞발과 뒷발도
흰색을 띠고 있습니다.

▲ 생쥐의 똥은 굵기 약 1mm,
길이 3mm 정도로 집쥐 3종
(곰쥐, 시궁쥐, 생쥐) 가운데
가장 작습니다.

몸집이 작은 집쥐입니다. 가정집 외에 무논*, 논, 들판, 하천 바닥 등
에서 서식합니다. 가정집의 곡류를 먹고 살며 곡류에 기생하는 해충
등도 먹습니다. 야외에 사는 생쥐는 초본이나 채소의 씨를 즐겨 먹습
니다. 생쥐 역시 세계 각지에서 살고 있답니다.

🔍 **무논**

무논의 '무'는 '물'을 의미해요.
따라서 무논이란 물이 고여 있
는 논이라는 뜻이죠. 또는 물
을 쉽게 댈 수 있는 논을 말하
기도 합니다.

213

마지막 4장이네요. 4장에서는 우리나라 이곳저곳에서 살고 있는 포유
동물들을 만나 볼게요. 우리나라의 산과 하천, 뒷산, 할머니댁 논밭에서
볼 수 있는 동물 친구들이에요.
잘만 살펴보면 그 흔적을 찾아볼 수 있죠. 특히나 이번에 소개할 포유
동물들 중에는 국가적으로 보호하고 있는 귀한 녀석들도 있어요.
이번장에서 그들의 생활을 알아보고 왜 우리가 동물에게 관심을 가지
고 돌봐 줘야 하는지 느껴 보는 시간이 되길 바라요.
그럼 두근대는 마음을 안고 다 같이 출발할까요?

_ 국립생물자원관 동물자원과 한상훈 박사

PART 4

우리나라에는 어떤 포유동물들이 살고 있을까?

식육목 고양잇과

호랑이

머리·몸 길이 140~280cm
꼬리 길이 60~95cm
체중 100~250kg

나는 오래전부터
용맹함의 상징이었다고!

▲ 호랑이는 커다란 송곳니와 날카로운 발톱이 있어 사슴, 멧돼지, 소 같은 큰 동물도 잡아먹을 수 있습니다.

🔍 **자긍심(自矜心)**
자신의 능력을 믿고 스스로 당당하고 떳떳하게 생각하는 것을 말합니다.

🔍 **칭송받다**
'칭송하다'는 어떤 대상을 우러러 칭찬하며 기리는 것을 말합니다. 그러니까 칭송받는다는 건 다른 사람들이 나를 우러러 칭찬한다는 뜻이겠죠?

한반도의 지형이 포효하는 호랑이와 닮았다는 이야기를 들어 본 적 있나요? 옛날부터 우리 조상님들은 한반도가 호랑이를 닮았다는 사실에 큰 자긍심[*]을 가지셨습니다. 아주 오래전부터 호랑이는 의리 있고, 용맹하며, 맹수들의 왕이라고 칭송받아[*] 왔기 때문이죠. 심지어 라이벌이 전설 속의 '용'이라고 하니, 호랑이의 위대함이 느껴지지 않나요?

이런 호랑이는 전설, 민담은 물론 민화 속에도 등장할 만큼 친숙한 동물이었습니다. 실제로 100년 전에는 서울에 있는 경복궁에까지 호랑이가 나타날 정도로 그 수도 많았죠. 그만큼 우리나라 사람들과 호랑이는 떼려야 뗄 수 없는 사이였습니다. 그러나 지금, 우리나라에서 호랑이를 보기란 '하늘의 별 따기'입니다. 연구자 선생님들 사이에서 의견이 분분하긴 하지만, 우리나라에서 호랑이가 멸종되었다는 공식 기록도 있죠. 그 많던 호랑이는 언제, 왜 사라지게 된 걸까요?

호랑이의 수가 급격히 감소한 시점은 바로 일제강점기입니다. 당시 일본은 해로운 맹수를 제거해 우리나라 사람들의 안전을 돕는다는, 이른바 '해수구제(害獸驅除)[*]' 정책을 실시했습니다. 이때 수많은 호랑이와 반달가슴곰, 늑대 기타 맹수들이 죽고 말았죠. 일본이 죽인 호랑이의 수가 기록된 것만 141마리라고 하니, 실제로는 얼마나 많은 야생 동물들이 죽었을지 상상이 안 될 정도입니다.

잠깐! 혹시 '일본 때문에 우리나라 호랑이들이 다 없어졌어!'라고 화내고 있나요? 물론 화가 날 수도 있을 거예요. 하지만 호랑이가 멸종된 것이 전부 일본 탓만은 아닙니다.

오래전 호랑이의 뼈가 진통을 멎게 하는 데 특효라는 소문이 나돌면서, 밀렵꾼들이 호랑이를 마구 사냥한 적이 있었습니다. 이때 수많은 호랑이가 무참히 희생당했죠. 또한 무분별한 산림 파괴와 벌목 등으로 호랑이는 살 곳마저 잃게 되었습니다.

호랑이가 사라진 이 모든 이유들은 결국 인간의 욕심과 이기심 때문입니다. 호랑이뿐만 아니라 다른 야생 동물들도 이런 인간의 횡

▲ 이제 호랑이는 동물원 우리 안에서나 볼 수 있게 되었죠.

🔍 해수구제(害獸驅除)
害, 해할 해
獸, 짐승 수
驅, 몰아낼 구
除, 덜어낼 제

🔍 **호질(虎叱)**
조선 정조 때 박지원 선생님이 지은 한문 단편 소설로 《열하일기》에 실려 있습니다. 호랑이가 위선을 저지르는 선비를 호되게 꾸짖는다는 줄거리입니다.

포에 서서히 자취를 감추었죠.

한반도에서 호랑이가 사라진 것은 어느 한순간의 일이 아니었습니다. 수십 년에 걸친 인간의 탐욕이 그 바탕에 깔려 있었던 것입니다. 정말 안타깝고 씁쓸한 일이 아닐 수 없어요.

우리나라의 대표적인 철학자 연암 박지원 선생님은 〈호질〉*이라는 소설에서 호랑이의 입을 빌려 인간의 욕심과 비도덕함에 일침을 가했는데요. 소설 속에서 호랑이가 했던 한마디가 우리의 양심을 뜨끔하게 만드는 것 같습니다.

"에잇, 이 탐욕스러운 인간들아! 너희는 눈만 뜨면 다른 이의 것을 훔치려 하고 그것을 부끄러워할 줄 모른다. 이 세상에 너희 인간보다 잔인하고 욕심 많은 것이 어디에 있느냐!"

자, 호랑이의 멸종에 대한 이야기는 이쯤하고 이제 본격적으로 호랑이의 필드 사인에 대해 알아볼까요?

호랑이는 우리나라 육식동물 가운데 가장 큰 동물입니다. 구릉이나 험준한 산림에서 살며 멧돼지나 사슴, 고라니, 노루 같은 야생 동물을 잡아먹죠. 사냥할 때는 숨어 있다가 먹잇감에게 몰래 다가가서 목덜미를 물거나 앞발로 넘어뜨립니다. 사냥의 명수인 만큼 육식을 기본으로 하지만, 가끔은 소화를 돕기 위해 식물의 잎이나 줄기를 먹기도 합니다.

호랑이는 무리를 지어 살지 않고 단독 생활을 즐기며, 주로 해질녘부터 해뜰 무렵까지 활동합니다.

🐾 발자국

호랑이의 발자국에는 4개의 발가락 자국만 있고 발톱 자국은 없습니다. 수컷 호랑이의 발자국은 어른이 손바닥을 쫙 벌린 모양과 비슷하며 원형에 가깝습니다. 반면 암컷 호랑이의 발자국은 수컷보다 약간 작고 발가락 사이가 더 좁으며 오각형에 가까운 형태를 띱니다.

▲ 호랑이의 뒷발입니다. 크고 두툼합니다.

　보행 패턴은 일직선에 가까운 형태를 띱니다. 앞발 자국 위에 뒷발 자국이 겹쳐 찍히죠. 걸음마다 평균 80~90cm의 너비를 보입니다.

　우리나라에 호랑이가 아직 살고 있다면, 당장이라도 호랑이의 발자국을 찾으러 나가고 싶을 거예요. 그때는 비가 내린 후 개인 다음 날 조사를 나가는 것이 가장 좋답니다.

ⓒ 김보현
▲ 비 온 뒤 물러진 땅 위에서 발견한 호랑이의 발자국입니다. 발가락 4개가 찍혀 있네요.

/// 털

호랑이를 떠올리면 붉은 빛이 도는 갈색 털에 검은 줄무늬가 그려진 털가죽이 가장 먼저 생각날 거예요. 그만큼 호랑이의 털가죽은 사람들에게 귀중한 것으로 여겨집니다. '호랑이는 죽어서 가죽을 남기고, 사람은 죽어서 이름을 남긴다'는 옛말도 있고요.

호랑이의 털은 우람한 몸집에 비해서 다소 얇다고 할 수 있습니다. 몸통 부분에 어두운 갈색과 붉은 갈색, 오렌지색 털이 나 있고요. 배부분과 얼굴의 일부분에는 흰색 털이 나 있으며, 온몸에 검은색 털이 세로 줄무늬로 나 있습니다. 털의 모양은 약간 구불구불한 편이고 윤기는 나지 않습니다.

▲ 붉은 갈색 바탕에 검은 줄무늬가 호랑이의 상징이라고 할 수 있습니다.

🐾 똥

호랑이는 눈에 잘 띄는 장소에서 똥을 눕니다. 똥은 둥근 덩어리가 길게 이어진 모양이며 끝이 약간 뾰족합니다. 주로 검거나 갈색을 띠고 있죠. 안에는 잡아먹은 동물의 털이 들어 있는 경우가 많습니다.

그러나 먹은 것에 따라 똥의 색과 모양이 달라질 수 있습니다. 먹이를 먹을 때, 털은 먹지 않고 고기와 피만 먹었다면 똥이 일정한 형태를 띠지 않으며 물기가 많고, 검은색을 띱니다.

오줌은 주로 나무 위에다 누는데요. 땅에서부터 1m 정도 되는 높이에 배설합니다. 이 오줌은 호랑이가 자신의 영역을 다른 동물들에게 알리는 역할도 하죠. '여기는 내 땅이니까, 오면 잡아먹는다!' 하고 말이에요.

▲ 호랑이의 똥입니다. 크고 둥근 덩어리가 이어진 모양입니다.

그리고 호랑이는 똥이나 오줌을 배설한 후에 뒷발로 낙엽과 흙을 차서 배설물을 덮어 두는 습성이 있습니다. 따라서 호랑이의 배설물을 발견하려면 땅을 유심히 살펴보고, 흙과 낙엽이 두툼하게 올라온 곳을 찾아야 합니다.

더 알아봐요

📢 경외*의 동물, 호랑이

우리나라의 건국 신화를 알고 있나요? 곰과 호랑이가 사람이 되고 싶어 신께 빌자, 신께서 "100일 동안 쑥과 마늘만 먹고 버텨라" 명하셨는데, 곰은 이를 지켜 사람이 되었고 호랑이를 이를 지키지 못하고 도망갔다는 이야기지요.

이렇게 건국 신화에서는 호랑이가 인내심이 약한 동물로 묘사되고 있지만, 우리나라 전통 설화에서는 호랑이가 효, 은혜, 용맹함의 상징으로 자주 등장한답니다.

우리나라뿐만 아니라 전 세계의 전설 속에서도 호랑이는 경외의 대상이었습니다. 5000년 전 파키스탄의 인더스 계곡 사람들은 호랑이의 모습을 벽화로 남겼으며, 4000년 전 아리아인들은 서사시에 호랑이의 힘과 위엄을 칭송하였죠. 중국에서도 호랑이는 산림의 '대왕'으로 칭해지며 두려움을 일으키는 존재였습니다. 또한 중국에서 발달해 우리나라와 일본에 퍼져 있는 풍수신앙에서 백호는 서쪽을 지키는 수호신으로도 등장합니다.

옛 조상들의 이야기 속에서 경외의 동물로 일컬어진 호랑이, 정말 대단하지 않나요?

🔍 경외(敬畏)
어떤 대상을 공경하면서도 두려워하는 것을 말합니다.

귀여운 외모에 속으면
곤란해요! 사실 전 뛰어난
사냥꾼이랍니다.

▲ 담비는 고양이보다 조금 더 큰 몸집에 잘빠진 몸매를 가졌습니다.

🔍 내륙 산간 지역

내륙은 바다에서 멀리 떨어진 육지라는 뜻이고, 산간은 산 골짜기가 많은 곳을 뜻합니다. 고로 '내륙 산간 지역'이라 하면 바다에서 멀리 떨어진 지역 중 산이 많은 곳이라고 할 수 있습니다. 참고로 3면이 바다로 둘러싸인 우리나라는 해안 지역과 내륙 지역으로 자주 구분한답니다.

담비는 큰 산들이 이어진 숲 속에서 생활합니다. 자연이 우수하고 우거진 숲을 좋아하죠. 전 세계적으로 유럽과 아시아, 아메리카 대륙에 8아종의 담비가 분포해 있는데요. 우리나라에는 그 가운데 3아종의 담비가 살고 있습니다. 바로 담비, 산달, 그리고 잘이랍니다.

이 중 담비는 우리나라 전국의 내륙 산간 지역*에 살고 있고요. 잘은 북한의 북부 산악 지대에 살고 있습니다. 산달은 아쉽게도 일제강점기 때 두 번 잡혔었다는 기록만 남아 있을 뿐, 현재 우리나라에서는 생존 여부가 매우 불분명한 상태랍니다.

담비는 자기보다 몸집이 큰 동물도 잡아 먹을 정도로 뛰어난 사냥꾼입니다. 먹이를 발견하면 단숨에 목 뒤를 물어 죽이죠. 특히 우리나라 담비는 무리를 지어 사냥하는 것으로 유명합니다.

▲ 담비 앞발이에요. 발바닥 가운데 털이 나 있네요.

나무를 잘 타는 담비는 나무 위를 휙휙 옮겨 다니며 청설모, 다람쥐 등을 잡아먹 거나 새 둥지를 습격하여 알과 어린 새들 을 훔쳐먹습니다. 땅으로 내려와서는 멧토 끼, 쥐, 꿩, 뱀, 곤충, 물고기까지 가리지 않 고 먹어 치웁니다. 오죽하면 '호랑이 잡아 먹는 담비가 있다'는 옛말도 있겠어요?

▲ 담비의 뒷발입니다. 다섯 발가락 과 날카로운 발톱이 보이죠?

담비의 필드 사인은 주로 나뭇가지와 나 무 기둥 위에서 발견할 수 있습니다. 혹은 담비가 자주 지나다니는 길목에서도 볼 수 있죠.

영역 표시를 한 흔적은 나무와 바위 위를 관찰하면 발견할 수 있 을 것입니다. 담비는 항문을 나무나 바위에 대고 비벼서, 항문 주위 의 분비선에서 나오는 냄새와 오줌을 남기거든요.

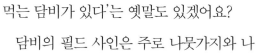 발자국

담비의 발자국에는 5개의 발가락과 날카로운 발톱 자국이 남아 있 습니다. 주로 걷지 않고 뛰어다니기 때문에 발톱이 땅에 찍히지 않

🔍 **호랑이 잡아먹는 담비 가 있다**

호랑이는 동물들 중에서 가장 힘이 세고 덩치도 크다고 알려 져 있죠? 하지만 그런 호랑이 도 작은 담비한테 잡아먹힌다 는 것입니다. 즉, 아무리 재주 가 뛰어나고 권력을 가졌어도 그보다 더 뛰어난 윗사람이 있 다는 것이죠. '뛰는 놈 위에 나 는 놈 있다'는 속담과 같은 의 미랍니다.

는 경우가 많습니다. 따라서 담비의 발자국을 발견해도 한 번에 '담비다!' 하고 추리해 내기 어려울 수 있습니다. 게다가 수달의 발자국과 크기나 전체적인 모양이 비슷해서 헷갈릴 수도 있죠.

'어? 수달은 물갈퀴가 있어서 발자국이 다를 텐데요?'

혹시 이런 기특한 의심을 품지는 않았나요? 맞습니다. 수달은 물갈퀴가 있기 때문에 물갈퀴가 없는 담비 발자국과 헷갈린다는 것이 다소 이상하게 느껴질 수 있습니다.

하지만 수달의 물갈퀴가 항상 발자국에 남는 것은 아니랍니다. 어떨 때는 물갈퀴 자국이 남지 않죠. 설상가상으로 담비의 날카로운 발톱까지 찍히지 않는 경우가 있어서, 두 녀석이 모두 살고 있는 계곡에서는 헷갈릴 수 있는 가능성이 있습니다.

이럴 때는 발자국 하나만 보고 판단해서는 안 됩니다. 그 주변을 더 둘러보며 또 다른 발자국을 찾아야 하죠. 만약 추가로 발견한 발자국에 물갈퀴 자국이 있다면 그 발자국의 주인은 수달이고, 반대로 날카로운 발톱 자국이 있다면 담비의 발자국이라고 볼 수 있습니다.

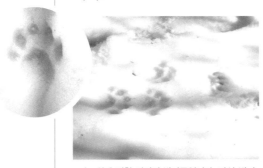

담비 발자국은 초보자가 한 번에 판단하기 어려운 필드 사인이에요. 반드시 주변을 확인하며 여러 필드 사인을 종합적으로 분석해야 합니다. 잊지 마세요!

▲ 눈 위에 찍힌 담비의 발자국입니다. 다섯 발가락 자국이 선명하네요.

💩 똥

담비의 똥은 어른 손가락만 한 크기로 대개 6~7cm 정도입니다. 다른 동물들처럼 담비의 똥에서도 잡아먹은 먹이의 흔적을 볼 수 있습니다. 동식물을 가리지 않고 먹어 치우기 때문에, 작은 동물의 털이나 열매 씨 등 다양한 것이 섞여 있습니다.

▲ 바위 위에서 발견한 담비의 똥이에요. 열매 씨가 섞여 있습니다.

　주로 큰 바위 위에 배설을 하며, 똥을 발견한 자리 주변에서는 영역 표시를 위해 분비한 분비액이나 오줌도 볼 수 있습니다.

더 알아봐요

📢 모피를 입지 말아 주세요!

동물 중에서 '잘'의 모피는 품질이 매우 뛰어납니다. '툰드라* 삼림의 흑진주'라는 별명이 있을 정도로 털의 빛깔이 예쁘고 부드럽죠.

잘의 모피는 모피 중에 으뜸이라고 알려진 밍크보다 4~5배 이상 비싸게 팔린다고 하는데요, 이 때문에 밀렵꾼들이 많은 잘을 죽이고 말았습니다. 뿐만 아니라 주 서식지인 러시아 연해주에서는 대규모 벌채까지 이루어져 잘의 보금자리까지 사라져 버렸죠.

아름다운 털을 가졌다는 이유만으로 생명에 위협을 받는 동물들은 잘뿐만이 아닙니다. 지금도 사람들은 오직 모피 하나를 얻기 위해 수많은 동물을 죽이고 있습니다. 어쩌면 모피 의류를 부의 상징으로 여기며 너도나도 가지려고 하는 인간의 욕심이 사라지지 않는 한, 억울한 죽음을 당하는 동물도 계속 생겨날 것입니다.

🔍 **툰드라(tundra)**
스칸디나비아 반도 북부에서부터 시베리아 북부, 알래스카 및 캐나다 북부에 걸쳐 타이가 침엽수림 지대의 북쪽 북극해 연안에 분포하는 넓은 벌판이에요.

우제목 사슴과

고라니

머리·몸 길이 80~120cm
꼬리 길이 4~7cm
체중 15~20kg

저는 산에서 살지만,
요새는 사람들이 사는 곳에
놀러 가기도 하지요.

▲ 고라니는 길고 가느다란 다리와 붉은 빛이 도는 갈색의 털을 가졌습니다. 이 사진에 나온 고라니는 어린 고라니입니다.

고라니는 우리나라에서 가장 흔히 볼 수 있는 동물입니다. 세계에서 고라니가 가장 많이 사는 나라가 우리나라라고 할 정도죠. 전국의 야산과 논경지, 강가에 많이 서식하고 있습니다.

고라니는 우리나라 자생종*으로 산기슭이나 풀숲, 물가의 억새밭이나 갈대밭에 주로 삽니다. 물을 너무나 좋아해서 물가에서 주로 생활하는데요. 이런 습성 때문에 고라니를 영어로 '물사슴(Water deer)'이라고 부르기도 합니다. 그러나 별명이 물사슴이라고 해서 사슴처럼 뿔이 있을 거라고 오해해서는 안 됩니다. 고라니는 수컷과

🔍 **자생종(自生種)**
어떤 지역에 오래전부터 살고 있는 고유한 종을 말합니다.

226

암컷 모두 뿔이 없거든요. 대신 수컷은 긴 엄니를 가지고 있어 싸울 때 무기로 씁니다.

주로 홀로 생활하며 대개 새벽과 해질녘에 왕성한 활동을 하고요. 요새는 민가나 도로에 나타나는 일도 많습니다.

🐾 발자국

고라니의 발자국은 야산과 들에서 쉽게 발견할 수 있습니다. 물가에서 발굽 자국을 발견하면 일단 고라니인지 아닌지 확인해 보세요.

고라니는 발굽이 벌어진 정도를 보고 앞발과 뒷발을 구분할 수 있어요. 앞발은 중심 발굽이 항상 많이 벌어진 채로 찍히거든요. 또한 앞발 자국에는 부속 발굽이 점 모양으로 찍혀 있습니다. 고라니가 달릴 때 찍힌 발자국에는 앞발의 부속 발굽 자국이 더욱 선명하게 남아 있죠. 그러나 앞발과 달리 뒷발 자국은 중심 발굽이 모아져 찍혀 있으며 부속 발굽도 잘 보이지 않습니다. 이 점을 알아 두면 발자국만 보고도 앞발과 뒷발을 쉽게 구분할 수 있겠죠?

고라니의 보행 패턴은 앞발 자국이 앞쪽에 찍히고, 약간 뒤에 뒷발 자국이 찍히는 형태입니다. 고라니는 성격이 워낙 개구쟁이라서 이리저리 뛰어다니는 것을 좋아해요. 그래서 발자국의 방향이 이리 갔다, 저리 갔다 하며 정신없어 보일 때가 많습니다.

▼ 고라니 앞발 발자국입니다. 발굽이 벌어져 있는 것이 보이나요?

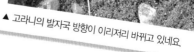

▲ 고라니의 발자국 방향이 이리저리 바뀌고 있네요.

💩 똥

고라니는 지름 6~9mm의 작은 알갱이 똥을 눕니다. 한 번에 50~80개를 배설하죠. 고라니의 똥은 처음에 녹색을 띠다가 시간이 지나면서 검은색으로 변합니다. 먹은 것에 따라 갈색을 띠기도 합니다. 똥을 자세히 들여다보면 한쪽 끝이 움푹 파여 있는 것을 볼 수 있습니다. 마치 팥처럼 생겼죠.

또 고라니의 똥은 깨끗하고 냄새가 나지 않는데요. 이것은 초식 동물의 배설물에서 공통적으로 나타나는 특징입니다.

고라니는 대개 한곳에 무더기로 똥을 배설하는 편입니다. 하지만 워낙 달리는 것을 좋아해서 달리면서 여기저기에 똥을 누는 재밌는 녀석도 있습니다.

노루나 산양의 똥과 모양이나 색이 매우 흡사해서 자칫하면 헷갈릴 수도 있어요. 이런 경우에는 어떻게 해야 할지 알고 있겠죠? 이미 수차례 말했듯, 반드시 다른 필드 사인을 더 찾아보고 여러 가지 단서를 종합해 판단해야 합니다.

▶ 똥의 한쪽 끝이 움푹 파인 것이 보이죠?

▲ 알알이 떨어져 있는 고라니의 똥이에요.

🐟 먹이 흔적

고라니는 산양이나 사슴과 마찬
가지로 위턱에 앞니가 없습니다.
대신 딱딱한 잇몸이 있어, 풀을
뜯어 먹을 수 있죠. 그래서 풀이
뜯긴 모양을 보면 단면이 거칠고

▲ 아랫니와 윗잇몸으로 풀을 뜯어 먹은 흔적입니다. 뜯긴 부분이 매우 거칠거칠하네요.

지저분합니다. 나뭇가지를 먹을 때는 잘근잘근 씹어서 끊어 먹는데
그 흔적 역시 거칠거칠하답니다. 주로 갈대나 거친 풀, 사탕무*를 먹
고요. 겨울에는 밭에서 나는 연한 배추잎이나 무를 먹기도 합니다.

 사탕무

명아줏과의 두해살이풀입니
다. 높이는 1m 정도까지 자라
며, 잎은 약간 두껍고 긴 달걀
모양으로 납니다. 사탕무라는
이름처럼 뿌리 부분이 달아 사
탕의 원료로 쓰인답니다. 지중
해 지방이 원산지로 추운 지방
에서도 잘 자랍니다.

> 더 알아봐요

📢 야생 동물들을 위협하는 '로드 킬'

'로드 킬'이란 차도에 갑자기 나타난 야생 동물을 들이받는 교통사고를 말합니다. 주로 가
을철, 야외로 나들이를 나가는 시기에 많이 발생하며 전국 모든 고속도로에서 흔하게 일
어나죠. 이 로드 킬을 당하는 동물 중 대다수가 바로 고라니입니다. 고라니는 농가와 산
지를 오가는 습성이 있어 도로 위를 자주 돌아다니거든요. 고라니 외에도 너구리, 멧돼지
등 농가와 낮은 산지에서 서식하는 야생 동물들이 로드 킬의 위험에 노출되어 있습니다.
야생 동물 보호 이외에 로드 킬을 조심해야 하는 이유가 하나 더 있습니다. 바로 '인명 보
호'입니다. 고속도로에서 운전을 하다가 갑자기 멧돼지나 고라니가 나타나면 운전자는
급하게 운전대를 돌리게 됩니다. 그러면 마주 오던 차나 뒤따라오던 차와 크게 부딪치게
되죠. 이로 인해 수많은 사람이 다치고 심할 경우 사망자가 나올 수도 있습니다.
이처럼 로드 킬은 야생 동물뿐만 아니라 사람의 목숨까지도 위협하는 사고입니다. 나라
에서는 로드 킬을 방지하기 위해 도로에 '생태 통로'를 만들어, 야생 동물이 안전하게 농
가와 산지를 왕래할 수 있도록 하고 있습니다. 그러나 야생 동물들이 생태 통로를 잘 이
용하는지에 대해서는 아직 의문이 많다고 하네요. 그러므로 운전자들이 먼저 산지와 접
한 도로에서는 저속 운전을 하며 로드 킬을 조심해야 하겠습니다.

우제목 사슴과
노루
머리·몸 길이 80~100cm
체중 7~17kg

제 뒤꽁무니만 찾으면,
저를 만나실 수 있을 거예요.

ⓒ 이용욱

▲ 노루의 엉덩이에는 흰털 무늬가 있습니다.

노루의 털은 계절에 따라 색이 달라집니다. 여름에는 황갈색 털로, 겨울에는 회색 빛이 도는 갈색 털로 옷을 갈아입죠. 엉덩이에는 늘 흰색 무늬가 자리하고 있습니다. 뿔은 수컷에게만 있으며, 보통 세 갈래로 갈라진 형태입니다. 들판과 숲 사이에 주로 서식하고요. 해가 질 무렵부터 해 뜰 때까지 돌아다니며 여린 풀과 나뭇잎, 어린 나뭇가지를 뜯어 먹습니다. 겁이 많아서 항상 큰 눈을 굴리며 주변을 심하게 경계합니다. 그리고 위험이 닥쳐온다고 느낄 때는 개 짖는 소리와 비슷한 울음소리를 낸답니다.

🐾 발자국

▲ 노루의 발자국이에요. 멀리 뛸 때나 무른 땅 위에는 발굽이 많이 벌어져 찍힌답니다.

노루의 발자국은 고라니와 비슷합니다. 앞발은 중심 발굽이 넓게 벌어진 채로 발자국이 남고, 뒷발은 중심 발굽이 모아져 찍힙니다. 뛰어갈 때 찍힌 앞발 발자국에는 부속 발굽 자국도 남는 경우가 있죠. 본래 뛰는 것보다 걷는 것을 더 좋아하는 녀석이라 보행 패턴은 항상 일자로 곧게 이어져 있습니다.

💩 똥

노루는 여러 개의 똥을 몇 차례에 걸쳐 배설합니다. 모양은 보통 타원형으로 마치 튀긴 쌀알처럼 생겼습니다. 자세히 보면 한쪽 끝이 조금 패여 있죠. 대개 9~16mm 정도입니다.

색깔과 형태는 계절과 먹은 것에 따라 달라집니다. 여름에는 수분이 많은 풀을 먹기 때문에, 똥도 물기가 많고 일정한 형태 없이 뭉개져 있습니다. 겨울에는 마른 풀을 먹어서 검고 동글동글한 똥을 주로 누지요. 똥 안에는 주로 식물의 섬유질이 섞여 있습니다.

노루는 장소를 정해서 배설하지 않고 아무 데나 마음 내키는 대로 똥을 누며, 걸어가거나 뛰면서도 배설을 한답니다.

▲ 겨울에 발견한 노루의 똥이에요. 튀긴 쌀알 같지 않나요?

🦌 뿔 간 흔적

수컷 노루는 보통 한 살 때부터 뿔이 나기 시작해서 세 살이 되면 세 갈래로 갈라집니다. 수컷 노루는 이 뿔을 나무에 가는 습성이 있는데요. 이것은 영역을 표시하는 행위입니다.

노루가 뿔 간 흔적을 찾아보려면, 밑둥이 큰 나무보다는 어른 팔뚝 굵기 정도의 나무들을 유심히 살펴보는 것이 좋습니다. 노루가 뿔을 갈고 간 나무에는 땅을 기준으로 30cm 위쯤에 나무껍질이 벗겨진 흔적이 있을 거예요.

단, 산양이나 염소도 뿔을 갈기 때문에 주변의 다른 필드 사인과 뿔 간 자리의 나무껍질 사이에 끼어 있는 털 등을 더 조사해 보고 판단해야 합니다.

▲ 나무에 뿔을 간 흔적입니다. 벗겨진 자리가 선명하네요.

🏠 보금자리

노루는 낮은 언덕이나 산 비탈의 완만한 부근에 잠자리를 마련합니다. 대개는 낙엽이나 풀을 발로 걷어 내고 맨땅에서 자지만, 풀이나 낙엽 위에서 자기도 합니다.

땅 위에 둥글게 파헤쳐진 흔적을 발견했다면 한번 자세히 관찰해 보세요. 만약 바닥 부분이 무언가에 눌린 듯 다져져 있고 그곳에 노루의 털이 떨어져 있다면, 노루의 잠자리가 100% 확실합니다.

아~ 잘잤다

▲ 여기가 노루의 포근한 잠자리입니다. 눈밭을 헤집어서 만들어 두었습니다.

더 알아봐요

📢 이제 고라니와 노루를 헷갈리지 말아요!

고라니와 노루는 같은 우제목 사슴과로 분류도 같고 생김새도 비슷하여 자주 혼동되는 동물입니다. 특히 필드 사인까지 매우 흡사해서 필드 워크 초보자들은 골탕을 먹는 일이 다반사죠. 그러나 잘 살펴보면 이 두 녀석은 차이점이 참 많습니다. 아래 표를 보고 고라니와 노루의 차이점을 배워 봅시다. 이것만 알아 두면 고라니와 노루를 쉽게 구별할 수 있을 거예요.

	노루	고라니
사는 곳	깊은 산, 숲 안쪽	낮은 산, 논밭 근처
무늬	엉덩이에 흰 무늬가 있음	엉덩이에 흰 무늬 없음
몸집	고라니보다 큼(95~151cm)	노루보다 작음(77.5~100cm)
뿔	수컷만 뿔이 남(나무에 뿔을 가는 습성)	암컷, 수컷 모두 뿔이 없음
발자국	고라니 발자국보다 너비가 더 넓음	노루보다 중심 발굽의 앞부분이 더 뾰족함
털	여름 : 붉고 가늘고 곧은 털 겨울 : 짙은 갈색에 굵고 쉽게 부러지는 털	여름 : 황토색 털 겨울 : 짙은 갈색으로 노루의 털과 비슷한 색이나 노루의 털보다 더 굵음

설치목 청설모과
다람쥐
머리·몸 길이 15~16cm
꼬리 길이 10~13cm
체중 100g

먹이는
얼른 먹이주머니에
저장해 둬야겠다!

▲ 다람쥐는 긴 꼬리와 등의 줄무늬가 특징입니다. 두 손을 모아 씨를 먹는 모습이 참 귀엽죠?

다람쥐는 우리나라의 산과 들, 도시, 공원에서 흔하게 만날 수 있는 동물입니다. 작은 몸집에 귀여운 얼굴을 가졌죠. 외모에서 가장 특징인 것은 역시 긴 꼬리와 등의 줄무늬입니다. 혹시 다람쥐 등에 줄무늬가 몇 개인지 아나요? 정답은 5개입니다. 밝은 밤색의 등에 검은 색 줄 5개가 뚜렷하게 나 있죠.

다람쥐는 낮에 활발하게 활동합니다. 나무를 잘 타는 녀석이지만 보통 땅 위에서 생활하죠. 다람쥐는 바위의 틈새나 땅굴을 직접 파서 보금자리를 만들고요. 10월 중순*부터 3월까지 파 두었던 땅굴에

🔍 **중순(中旬)**
'중순'에서 '순(旬)'이라는 글자는 열흘을 의미합니다. 따라서 중순은 한 달을 10일씩 나누었을 때, 중반 기간이 되는 11일부터 20일까지를 뜻합니다. 참고로 1일부터 10일까지를 상순(上旬), 21일부터 말일까지를 하순(下旬)이라고 합니다

서 곤히 겨울잠을 잔답니다.

다람쥐가 무얼 먹고 사는지는 잘 알고 있죠? 도토리나 솔방울, 잣을 두 손으로 꼭 부여잡고 야금야금 까먹는 다람쥐를 많이 봤을 거예요. 하지만 다람쥐가 도토리와 같은 나무 열매만 먹는 것은 아닙니다. 다람쥐도 때로는 애벌레나 개미, 거미를 잡아먹습니다.

🐾 발자국

동요 〈다람쥐〉를 들어 본 적 있나요? '산골짜기 다람쥐 아기 다람쥐~' 라는 구절로 시작하는 아주 유명한 동요죠. 이 노래에는 다음과 같은 구절이 있습니다.

'다람쥐야 다람쥐야 재주나 한번 넘으렴~ 파알-딱 팔딱 팔딱 날도 참말 좋구나~'

이 구절의 가사처럼 다람쥐는 실제로도 주로 걷지 않고 뛰어다닙니다. 게다가 발도 작아서 발자국이 매우 희미합니다.

▲ 다람쥐의 앞발입니다. 발가락이 4개네요.

앞발 자국에는 4개의 발가락 자국이 찍혀 있고요. 뒷발 자국에는 5개의 발가락이 찍혀 있습니다. 뒷발 자국은 전체적으로 길고 좁은 형태입니다. 만약 발가락 자국이 희미하게 찍혀 있어서 앞발과 뒷발을 잘 구분할 수 없어도 걱정 마세요. 다람쥐의 발자국은 항상 뒷발이 앞발보다 앞쪽에 찍히기 때문에, 이것만 알면 절대 헷갈리지 않을 것입니다.

▲ 뒷발이에요. 앞발과 달리 발가락이 5개입니다. 가운데 3개의 발가락이 첫째 발가락과 다섯째 발가락보다 훨씬 긴 것이 특징이랍니다.

다람쥐의 발자국은 청설모의 발자국과 비슷해서 혼동되기도 하는데요. 다람쥐 발자국이 훨씬 더 작은 것만 알면 걱정 없답니다.

💩 똥

▲ 나무껍질에서 발견한 다람쥐의 똥이에요.

다람쥐 똥은 필드에서 찾아내기가 매우 힘듭니다. 똥이 아주 작고, 다람쥐가 배설하는 자리를 따로 정해 두지도 않기 때문인데요. 그래도 다람쥐 똥을 찾아보고 싶다면 바위 위쪽이나 틈새를 유심히 살펴보세요. 길이가 5mm 이하 정도 되고, 길쭉한 타원형을 띠고 있는 배설물을 발견한다면 그것이 바로 다람쥐의 똥입니다.

혹시 다람쥐 똥으로 커피를 만든다면 믿을 수 있겠나요? 베트남에는 커피 열매를 먹여 키운 다람쥐의 똥으로 만든 커피가 있습니다. 이 다람쥐 똥 커피는 커피 열매가 다람쥐의 배 안에서 발효가 되어 나온 것으로 독특한 맛과 향이 나죠. 그러나 앞서 말했다시피 다람쥐 똥은 아주 작고 한 번에 소량만 나오기 때문에, 다람쥐 똥 커피는 굉장히 귀하다고 하네요.

🐟 먹이 흔적

나무 열매를 먹고 있는 다람쥐를 보면, 그렇게 귀여울 수가 없답니다. 양 볼에 있는 먹이 주머니에 먹이를 잔뜩 집어넣어 볼이 불룩해

진 채로, 그것도 모자라 손에 또 먹이를 집어드는 모
양이 먹보가 따로 없죠. 이렇게 먹이 주머니에 먹이
를 저장한 다람쥐는 바위 위나 잘린 나무 밑둥으로
가서 먹이를 꺼내 먹습니다.

▲ 다람쥐가 도토리를 까먹고 간 자리입니다. 주변에 껍데기가 지저분하게 널려 있죠?

다람쥐의 먹이 흔적은 나무 열매의 딱딱한 껍데
기를 갉아 먹고 난 뒤 나오는 찌꺼기입니다. 필드
워크를 나가면 평평한 바위 위, 잘린 나무 밑둥
위를 중점적으로 보세요. 그곳에 도토리나 잣의 껍데기가 널려
져 있다면 다람쥐가 식사를 한 자리라고 보면 됩니다.

더 알아봐요

📢 산골짜기 다람쥐? 이제는 내 손 안의 다람쥐!

우리나라에서는 등산 중에 다람쥐를 만날 가능성이 매우 높습니다. 그러나 가까이 다가
가서 보려고 하면 금세 도망가 버리죠. 다람쥐는 워낙 사람을 경계하고 피하기 때문에 애
완 동물로는 적합하지 않다는 것이 일반적인 생각입니다.

그러나 요즘에는 다람쥐를 집에서 키우는 사람들이 적지 않습니다. 단순히 관상용으로
키우는 걸 넘어서, 강아지처럼 만져 주고 놀아도 주는 진짜 애완 다람쥐 말이죠. 이런 다
람쥐를 속칭 '손 다람쥐'라고 하는데, 야생 다람쥐지만 점차 사람에게 익숙해져 사람이 손
으로 만져도 도망가지 않는 다람쥐라는 의미입니다.

물론 다람쥐가 금방 사람에게 친숙해지기는 어려워요. 다람쥐는 본래 변덕이 심한 성격
이라서 어떤 날은 먼저 가까이 다가오다가도 어떤 날은 멀찌감치 도망가 버리기 일쑤입
니다. 오랜 시간 인내하고 다람쥐와 친숙해지길 기다려야 하죠.

또한 다람쥐를 키우려면 신경 써야 할 것도 많습니다. 겨울잠을 자는 습성에 맞게 실내
온도를 유지한다거나 즐겨 먹는 먹이를 잘 챙겨야 합니다.

그러니 만약 다람쥐를 키우고 싶다면 꼼꼼히 따져 보고 준비도 철저히 한 뒤 책임감을
가지고 키우도록 하세요!

하늘다람쥐

머리·몸 길이 15~20cm
꼬리 길이 9.5~14cm
체중 100g

동글동글한 눈과 얼굴,
열구리의 비막이
제 특징입니다!

▲ 하늘다람쥐는 앞발과 뒷발 사이에 달린 비막을 이용해 나무 사이를 활강하며 날아다닐 수 있습니다.

🔍 **하늘다람쥐의 비행**

엄밀히 말하면 하늘다람쥐는 '날아다니는 것'이 아니라 높은 나뭇가지에서 낮은 나뭇가지로 '뛰어내리는 것'이 맞습니다. 그러나 체공 시간이 길고 뛰어내려서 이동한 거리가 꽤 멀기 때문에 마치 나는 것처럼 보이는 것이죠.

하늘다람쥐는 동글동글한 얼굴에 큰 눈망울을 가졌습니다. 온몸은 회색 빛깔의 털로 덮여 있죠. 다리 사이에 비막이 있어 날쌘 돌이처럼 멀리 날 수 있습니다.* 이 능력 덕에 나무 위에서도 문제없이 생활할 수 있답니다. 보통 20~30m 정도 되는 짧은 거리를 날아다니고, 비막을 힘껏 펼쳐 멀리 날 때는 100m까지도 갈 수 있습니다. 하지만 땅 위에서 통통 뛰어 다닐 때는 비막이 오히려 방해가 되기도 합니다.

밀렵을 당하는 일은 별로 없지만, 다른 야생 동물들과 마찬가지로 산림 파괴에 살 곳을 잃어 그 수가 많이 줄어들었습니다. 또한 나무를 옮겨 다니다가 로드 킬을 당하기도 했고요. 그래서 하늘다람쥐는 1982년 천연기념물 제328호로 지정되었답니다.

　나무순*, 어린잎, 나무껍질, 곤충 등을 즐겨 먹고 울창한 산림 지대에서 주로 살고 있습니다.

🔍 **나무순**

나무의 가지나 풀의 줄기에서 새로 돋아 나온 연한 싹을 말합니다.

🐾 발자국

▲ 하늘다람쥐의 발이에요.

하늘다람쥐라고 해서 매번 나무 사이를 날아다니기만 하는 것은 아니에요. 땅 위를 종종 내려올 때도 있습니다. 다만 몸무게가 가볍고 발도 작아서 발자국이 깊게 찍히지 않아 관찰이 어렵죠. 하늘다람쥐의 발자국은 다른 설치류와 마찬가지로 앞 발가락이 4개, 뒷 발가락이 5개 찍혀 있습니다. 앞발 자국보다 뒷발 자국이 더 길고 큰 편입니다. 보행 패턴은 앞발이 앞쪽에 찍히고 뒷발이 뒤쪽에 찍히는 형태입니다.

🏠 보금자리

하늘다람쥐는 완전한 야행성으로 낮에는 나무 구멍에 마련해 둔 보금자리에 들어가 잠을 잡니다. 다람쥐처럼 깊은 겨울잠을 자는 것은 아니고요. 며칠씩 보금자리에 있다가 잠깐씩만 나와서 겨울눈을 먹죠.

▲ 보금자리인 나무 구멍에서 얼굴을 내밀고 있네요.

나무 구멍은 대개 딱따구리가 뚫어 놓은 것을 이용하고요. 딱따구리가 뚫어 놓은 나무 구멍이 별로 없는 지역에 사는 녀석들은 새처럼 나뭇가지를 엮어 둥지를 만들어 산답니다.

딱다구리가 뚫어 놓은 나무 구멍은 추위와 비를 피할 수 있고 천적의 공격도 막을 수 있는 최상의 보금자리입

▲ 딱따구리가 뚫어 놓은 나무 구멍이에요. 곧 하늘다람쥐와 곤줄박이, 동고비, 다람쥐가 서로 차지하려고 싸움을 벌이겠네요.

니다. 특히 번식을 할 때가 되면 새끼를 낳아 기를 장소를 찾기 위해 하늘다람쥐는 물론이고 곤줄박이, 동고비, 다람쥐까지 찾아들죠. 이 때문에 자기들끼리 치열한 경쟁을 벌이게 됩니다. 나무 구멍은 딱따구리가 뚫었는데, 호시탐탐 노리는 것은 다른 동물들인 셈입니다. 그러고 보면 사람뿐 아니라 야생 동물들도 '내 집 마련'에 고민이 많은 것 같습니다.

💩 똥

▲ 자잘한 똥들이 한자리에 모여 있네요.

하늘다람쥐의 똥을 발견하려면 우선 보금자리가 어디인지부터 알아내야 합니다. 하늘다람쥐는 나무 구멍 안에서 맛있게 식사를 한 뒤, 나무 아래로 똥을 배설하거든요. 따라서 하늘다람쥐가 사는 나무 아래나 그 나무의 기둥, 가지 부분을 유심히 살펴보면 무더기로 떨어져 있는 하늘다람쥐의 똥을 발견할 수 있을 거예요.

색깔은 대개 옅은 갈색이거나 황토색, 커피색을 띱니다. 보통 몇 개의 알갱이가 한자리에 우수수 뿌려진 듯한 모양으로 남아 있습니다. 배설한 지 얼마 되지 않은 똥은 손으로 만져 보면 말랑말랑할 거예요.

더 알아봐요

📢 하늘다람쥐와 날다람쥐, 너희는 도대체 뭐가 다른 거니?

날다람쥐는 '밤 새(밤에 나는 새라는 의미)'라고도 불립니다. 일본의 어떤 지역에서는 날다람쥐를 '큰 밤 새', 하늘다람쥐를 '작은 밤 새'로 구별하기도 하는데 일반적으로 '날다람쥐가 결국 하늘다람쥐인가?' 하고 생각하는 사람이 많은 듯합니다. 이 둘을 쉽게 구분할 수 있는 방법이 없을까요?

1. 크기를 비교하세요

날다람쥐는 다리에 달린 비막을 펼치면 신문지의 한쪽 정도의 크기가 되지만, 하늘다람쥐는 엽서 크기밖에 되지 않습니다. 크기가 눈에 띄게 차이 나니까요. 우선 몸집 차이부터 보도록 하세요.

2. 눈의 위치와 크기를 비교하세요

하늘다람쥐의 눈은 날다람쥐에 비해 눈알이 크고 조금 더 옆쪽에 위치해 있으며 약간 튀어나와 있습니다. 그 이유는 하늘다람쥐가 자주 육식 동물의 표적이 되기 때문에 더 넓은 시야로 주위를 살펴야 하기 때문이죠. 반면에 날다람쥐의 눈알은 거의 정면에 나란히 붙어 있습니다. 시야가 넓은 것보다도 날아갈 거리를 정확하게 계산하는 것을 더 중요시하다 보니 이렇게 된 것이지요.

3. 비막이 붙어 있는 위치를 비교하세요

하늘다람쥐는 뒷발과 꼬리 사이에 비막이 없지만, 날다람쥐는 뒷발과 꼬리 사이에도 비막이 있습니다. 그래서 날다람쥐가 날아가는 모습은 야구장의 홈베이스 같은 오각형이 됩니다.

▲ 날다람쥐가 다리를 벌리고 비막을 활짝 편 모습입니다. 하늘다람쥐의 비막은 화살표가 가리키는 붉은 부분이 없답니다.

등에 난
검은 줄무늬가 보이죠?

※ 앞으로 나올 사진들은 설치류들이 남긴 필드 사인이에요. 설치류들은 대개 비슷한 흔적을 남기기 때문에 등줄쥐를 찾을 때도 유용할 거예요.
▲ 등줄쥐는 어디에서나 잘 적응하는 녀석입니다.

🔍 **개체(個體)**
큰 의미는 하나하나의 낱개를
이르는 말로 '집단'의 상대적
개념이고요. 생물학적으로는
하나의 독립된 생물체를 뜻합
니다.

등줄쥐는 우리나라에서 가장 흔하게 볼 수 있는 들쥐입니다. 우리나라 농경지에서 생활하는 들쥐류 중 가장 많은 개체[*] 수를 자랑하죠. 논밭, 황무지, 낮은 산은 물론 제주도에서는 한라산 정상에서도 등줄쥐를 볼 수 있습니다. 등줄쥐가 살기 좋아하는 환경은 습하지 않은 곳입니다.

등줄쥐라는 이름은 등에 검은 줄무늬가 있어서 붙었습니다. 전체적으로 약간 붉은 기운이 도는 갈색의 털로 뒤덮여 있고, 배 부분만 회색 털이 나 있습니다. 귀는 작고, 꼬리는 몸통 길이의 3분의 2정도

이며 짧은 털로 덮여 있답니다.

등줄쥐는 땅굴을 파서 보금자리를 만들기는 하지만, 그곳에 식량을 저장하지는 않아요. 그래서 끊임없이 먹이를 찾느라 종종대며 돌아다니죠. 등줄쥐의 먹이로는 곡식 낟알이나 열매 등이 있습니다.

🐾 발자국

등줄쥐는 발도 작고 몸무게도 가벼워서 발자국이 뚜렷하게 찍히는 경우가 거의 없습니다. 따라서 등줄쥐의 발자국을 찾으려면 서식지 주변에 있는 질척질척한 진흙땅을 샅샅이 뒤져야 하죠.

등줄쥐의 앞발 자국에는 4개의 발가락이, 뒷발 자국에는 5개의 발가락 자국이 남아 있습니다. 발가락이 가늘고 사이사이가 넓은 편이라 얼핏 보면 '이거 새 발자국 아닌가?' 하는 생각이 들 수도 있어요. 하지만 새 발자국에는 발바닥 자국이 절대 남지 않는답니다. 이 책에 실려 있는 등줄쥐의 발자국을 보세요. 발가락 밑에 발바닥 자국이 남아 있는 것이 보일 거예요. 따라서 발바닥 자국이 남아 있는지만 확인하면 등줄쥐의 발자국과 새의 발자국을 혼동할 일은 없을 것입니다.

등줄쥐의 것으로 착각하기 쉬운 발자국을 남기는 녀석이 또 하나 있는데요. 바로 땃쥐입니다. 등줄쥐가 워낙 아무 데서나 잘 살다 보니, 땃쥐와도 서식지치는 경우가 있습니다. 그래서 등줄쥐의 발자국을 보고도 '이건 땃쥐 발자국이야'

🔍 **설치류(齧齒類)**

우리가 흔히 '쥐'라고 부르는 포유동물을 일컫는 말이에요. 앞니와 어금니 사이가 넓게 벌어져 있죠. 설치류들은 대부분 발자국을 잘 남기지 않는답니다.

▲ 설치류의 앞발 자국이에요. 발가락 4개가 보이죠?

▲ 설치류의 뒷발 자국입니다. 5개의 발가락이 찍혀 있네요. 발가락 중에 가운데 3개의 발가락은 모아진 채로 찍혀 있습니다.

▲ 눈밭에 남은 설치류의 보행 패턴입니다.

하고 오해할 수 있죠. 하지만 걱정 마세요. 등줄쥐와 땃쥐 역시 발자국에 아주 큰 차이점이 있답니다. 바로 발가락의 개수인데요. 앞서 등줄쥐는 앞발 발가락이 4개, 뒷발 발가락이 5개라고 했죠? 이와 달리 땃쥐는 앞발과 뒷발 모두 발가락이 5개입니다. 그래서 발자국에도 땃쥐는 앞발과 뒷발 모두 발가락이 5개가 남습니다. 즉, 발가락 개수만 잘 세어 보면 두 녀석의 발자국을 쉽게 구분해 낼 수 있다는 말이죠. 어때요? 직접 관찰하며 구분할 수 있겠나요?

🐾 보행 패턴

등줄쥐의 보행 패턴은 사진으로 보다시피 대개 일직선으로 이어집니다. 항상 뒷발이 앞쪽에, 앞발이 뒤쪽에 찍힙니다. 앞발은 앞발끼리, 뒷발은 뒷발끼리 나란히 발자국이 남죠. 걸음마다 간격은 대략 5cm 정도씩 된답니다.

🐟 먹이 흔적

튼튼한 이빨을 가진 등줄쥐는 단단한 열매와 곡식의 껍데기도 잘 갉아 먹습니다. 호박처럼 껍데기가 두꺼운 열매에도 커다란 구멍을 팔 수 있죠.

몸집이 작아서 풀을 뜯어 먹은 자

▲ 설치류가 밭에 있던 호박을 야금야금 갉아 먹고 갔네요.

244

리가 아주 낮은 곳에 위치해 있습니다. 호박이나 무, 감자를 갉아 먹을 때도 키가 작기 때문에 고개를 쳐들고 밑에서 위쪽으로 갉아 먹는답니다.

등줄쥐의 보금자리 굴 근처에는 가끔 벼 이삭과 볏짚이 떨어져 있기도 합니다. 이것은 겨울을 나기 위해 등줄쥐가 부지런히 벼를 날라다 저장해 둔 흔적입니다. 겨우내 등줄쥐는 굴 안에서 모아 놓은 벼를 먹으며 추위를 피한답니다.

더 알아봐요

📢 등줄쥐의 똥과 오줌을 조심하세요!

파랗고 높은 하늘, 선선한 바람! 가을은 나들이 가기 딱 좋은 날씨입니다. 물론 필드 워크를 떠나기도 좋은 날씨이고요. 하지만 야외 활동이 잦은 가을에는 반드시 주의해야 할 질병이 있습니다. 바로 가을철 3대 발열성* 질환들이죠.

가을철 3대 발열성 질환에는 털진드기에 물려서 감염되는 '쯔쯔가무시증'과 병원균을 가진 동물의 소변에 상처 난 피부가 노출되어 감염되는 '렙토스피라증', 그리고 설치류의 배설물이 건조되어 공기 중에 남아 있다가 사람의 호흡기로 들어가 감염되는 '유행성출혈열'이 있습니다.

이 중 유행성출혈열은 숨만 쉬어도 감염될 수 있기 때문에 각별히 조심해야 합니다. 특히 우리나라는 어디에서나 등줄쥐를 만날 수 있는 만큼 감염의 위험도 높으니 더욱 주의해야 하죠.

혹여 야외 활동 후 집으로 돌아왔는데 급작스럽게 열이 오른다면 유행성출혈열일 수 있으니 빨리 병원으로 가야 합니다. 그리고 절대 안정을 취하는 것이 좋죠.

유행성출혈열을 예방하기 위해서는 등줄쥐와 같은 들쥐들이 많이 사는 풀숲에서 야영을 하거나 오랜 시간 머무는 것을 피하고, 풀숲이 많은 시골에서는 풀을 자주 베어줘야 합니다. 가장 효과적인 예방법은 역시 예방 주사를 맞는 건데요. 유행성출혈열 백신을 한 달 간격으로 2번 접종하면 약 1년간 면역 효과가 있습니다.

🔍 **발열성(發熱性)**
'열이 나는 성질'이라는 뜻입니다. 따라서 '발열성 질환'은 우리 몸의 온도가 정상 체온인 36~37℃보다 올라가는 병이 되겠죠.

색인

이 책에서 소개한 동물 이름을 가나다순으로 정리했어요. 본문에서 상세히 설명한 동물은 굵은 글씨로 표시해 두었고요. 그 외에 이름만 등장한 동물들도 정리해 두었답니다.

●파란색 동그라미가 붙은 녀석들은 네 발가락 자국 동물들이고요. ●초록색 동그라미는 다섯 발가락 자국 동물, ●주황색 동그라미는 발굽 자국 동물, ●분홍색 동그라미는 희미한 발자국 동물입니다.

지은이 구마가이 사토시

구마가이 사토시 선생님은 일본의 야생 동물 관찰 지도원입니다. 동물관찰회와 강연회 활동을 하며 멸종 위기 동물인 일본수달을 찾고 있죠. 또한 학습 만화가로서 학생들을 위한 환경 교육 교재를 개발하고 동물 전문 학교와 문화 센터에서 강사로도 활약하고 있습니다. 이 책 외에도《チンパンジ はいつか 人間になるの?(침팬지는 언젠가 인간이 되는 건가요?)》를 쓰셨답니다.

일본 사진 야스다 마모루

야스다 마모루 선생님은 생물 사진 전문 작가예요. 중 · 고등학교에서 생물을 가르치기도 했죠. 지금은 포유동물은 물론이고 곤충, 애벌레에 이르기까지 다양한 생물과 자연을 촬영하는 데 몰두하고 있습니다.

감수 한상훈

어릴 때부터 동물을 좋아해 일찍이 동물학자가 되겠다는 꿈을 꾸었다고 해요. 그래서 경희대학교 생물학과를 거쳐 일본 동경농업대학 대학원과 홋카이도대학 대학원에서 포유동물의 계통진화생물학을 전공하여 박사학위를 받았죠. 현재는 환경부 국립생물자원관 동물자원과 과장으로 재직 중입니다. 2002년부터 2006년에는 국립공원관리공단 종복원센터에서 멸종위기종 복원팀장으로 재직하며 '지리산 반달가슴곰 복원사업'을 주도하였습니다. 최근에는 박쥐류와 양서류의 현장 조사에 푹 빠져 있답니다. 한상훈 선생님이 지은 책으로는《한국의 포유동물》이 있고요. 번역한 책에는《사라지는 동물의 역사》, 《지구에서 사라진 동물들》등이 있습니다.

한국 사진 이윤수

동물과 그들이 남기는 흔적에 관심이 많아 야생 동물을 연구하기 시작했어요. 전북대학교 생물학과대학원을 수료하였고, 2002년부터 국립공원관리공단 종복원센터에서 반달가슴곰 복원사업에 참여하고 있습니다.

옮긴이 박인용

서울대 국어국문학과를 졸업하고 수많은 잡지와 전집을 편집했어요. 지금은 영문 · 일문 도서를 번역하는 데 힘쓰고 있습니다. 박인용 선생님이 번역한 도서로는《한 권으로 충분한 지구사》, 《에코 에고이스트》등이 있습니다.

야생 동물 명탐정! 똥 싼 동물을 찾아라

2011년 12월 20일 1판 1쇄 박음
2012년 12월 15일 1판 2쇄 펴냄

지은이 구마가이 사토시 **사진** 야스다 마모루
감수자 한상훈 **한국 사진** 이윤수 **옮긴이** 박인용
펴낸이 김철종

편집진행 박지선 **표지 · 본문 디자인** 김문정 **마케팅** 최단비 오영일 유은정
펴낸곳 (주)한언
주소 121-854 서울시 마포구 신수동 63-14 구프라자 6층
전화번호 02)701-6616 **팩스번호** 02)701-4449
전자우편 haneon@haneon.com **홈페이지** www.haneon.com
출판등록 1983년 9월 30일 제1-128호
ISBN 978-89-5596-631-2 63490

한언의 사명선언문

Since 3rd day of January, 1998

Our Mission – 우리는 새로운 지식을 창출, 전파하여 전 인류가 이를 공유케 함으로써 인류 문화의 발전과 행복에 이바지한다.

– 우리는 끊임없이 학습하는 조직으로서 자신과 조직의 발전을 위해 쉼 없이 노력하며, 궁극적으로는 세계적 콘텐츠 그룹을 지향한다.

– 우리는 정신적, 물질적으로 최고 수준의 복지를 실현하기 위해 노력 하며, 명실공히 초일류 사원들의 집합체로서 부끄럼 없이 행동한다.

Our Vision   한언은 콘텐츠 기업의 선도적 성공 모델이 된다.

저희 한언인들은 위와 같은 사명을 항상 가슴속에 간직하고
좋은 책을 만들기 위해 최선을 다하고 있습니다.
독자 여러분의 아낌없는 충고와 격려를 부탁 드립니다.
• 한언 가족 •

HanEon's Mission statement

Our Mission – We create and broadcast new knowledge for the advancement and happiness of the whole human race.

– We do our best to improve ourselves and the organization, with the ultimate goal of striving to be the best content group in the world.

– We try to realize the highest quality of welfare system in both mental and physical ways and we behave in a manner that reflects our mission as proud members of HanEon Community.

Our Vision   HanEon will be the leading Success Model of the content group.

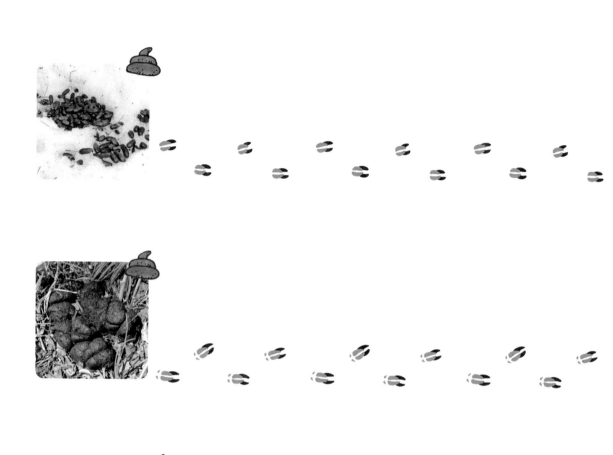

산양

멧돼지

흰넓적다리
붉은쥐

수달